Kanarienvögel

AUTOR: THOMAS HAUPT | FOTOGRAF: OLIVER GIEL

Inhalt

46 Nur keine Langeweile

Extras

Typisch Kanarienvogel

Kanarienvögel bringen mit ihrem putzmunteren Wesen viel gute Laune ins Haus. Die kleinen Tenöre gibt es in vielen Farbschlägen von quietschgelb bis grau-weiß gescheckt, und da sie in Haltung und Pflege recht unkompliziert sind, gehören sie inzwischen zu den beliebtesten gefiederten Mitbewohnern.

Kanarische Gesangstalente

Der Kanarienvogel stammt ursprünglich, wie sein Name vermuten lässt, von den Kanarischen Inseln sowie den Azoren. Unsere heimischen Distelfinken und Stieglitze sowie auch Grünfinken sind seine nahen Verwandten. In seiner natürlichen Umgebung lebt der Kanariengirlitz überwiegend in Gebieten mit vielen Büschen und Bäumen, auch Plantagen oder naturnahe Gärten zählen zu seinem Lebensraum. Wichtig sind ihm dabei kleine und größere Wasserstellen, denn die quirligen Zeitgenossen lieben ein ausgiebiges Bad.

Von der Wildform zum Heimtier

In der Urform hat das Gefieder des Kanarienvogels eine grün-braune Färbung, was mit dem heutigen grünen Farbschlag zu vergleichen ist. Allerdings ist der moderne Kanarienvogel etwas größer als der Kanariengirlitz. Wenn die wilden Artgenossen nicht brüten, was sie in Freiheit im Frühjahr tun, leben sie in lockeren kleinen Schwärmen und streifen auf Futtersuche durchs Land. Als Nahrung dienen ihnen Samen von Gräsern und Kräutern, hin und wieder auch ein Kerbtier oder ein frisches Löwenzahnblatt. Schon früh hat der Kanarienvogel auch die Nähe des Menschen gesucht, wo es fast immer etwas zu fressen und zahlreiche Brutmöglichkeiten gab. Anfangs begnügten sich die Menschen damit, nur frisch gefangene Tiere zu halten, um sich am melodischen Gesang, vor allem der Männchen, zu erfreuen. Erst als es gelang, die Tiere in Gefangenschaft zu vermehren, begann eine viele Hundert Jahre dauernde Zuchtgeschichte. Heute gibt es viele Formen, die sich in Gefiederfarbe und Gesang stark unterscheiden. Dabei ist der Kanari das einzige Heimtier, bei dem der Stimmapparat gezielt durch Zucht verändert wurde.

Kanarienvögel erobern die Welt

Als Spanien die Kanaren um das Jahr 1500 unterwarf, begann auch die Domestikation der Kanariengirlitze. Es dauerte nicht lange, bis durch Mutation die neuen Farben entstanden. Je länger die robusten Kanarien gezüchtet wurden, desto vielfältigere Farb- und Formveränderungen ergaben sich. Nachdem zuerst gelbe Flecken im Gefieder der Vögel auftauchten, konnten durch Selektion (Auswahl) schließlich reingelbe Tiere gezüchtet werden.

Adlige Vögel

Bis zum 19. Jahrhundert waren die Tiere oft so teuer, dass nur Adlige oder reiche Kaufleute sich die kleinen Tenöre leisten konnten. Ein besonders großer Kanarienfan um 1600 war Königin Elisabeth I., die sogar eigenes Personal zur Pflege der Finken anstellte. Nur fünfzig Jahre später wurde in England der erste Hauben-Kanarienvogel gezüchtet. In ganz Europa, von Portugal bis England und Italien, begann man in den folgenden Jahrzehnten und Jahrhunderten mit Vermehrung und Zucht. Eine wichtige Rolle spielten dabei die Klöster, die mit dem Verkauf der Tiere ihre Einnahmen aufstockten.

Unter Tage und über den Ozean

Ab dem 19. Jahrhundert waren die Vögel dann besonders bei der Arbeiterbevölkerung beliebt, die sich mit der Zucht ein Zubrot verdiente. Bergleute nahmen die Tiere mit in die Stollen, wo sie eine simple und für die Vögel oft traurige Funktion hatten: Durch ihre Unruhe oder ihren Tod warnten sie vor Sauerstoffmangel und giftigen Gasen. Besonders Deutschland und Tirol waren zu dieser Zeit Hochburgen der Kanarienzucht. In Deutschland entstand auch der für seinen Gesang berühmte Harzer Roller, der heute zu den beliebtesten Kanarienrassen gehört. Ab Mitte des 19. Jahrhunderts exportierte man die Vögel sogar in die USA; zeitweise wurden allein in einem Jahr mehr als eine Million Vögel über den Atlantik verschifft.

Schicke Beatle-Frisur: Hier präsentiert sich ein Gloster in Weiß gescheckt mit Haube.

Die drei Zuchtrichtungen

Die meisten Farbschläge der heutigen Kanarien entwickelten sich nach 1950, als gezielt ausgewählt wurde. Inzwischen gibt es Gefiederfarben von weiß über rot bis braun und mehr als 30 Zuchtrassen. Innerhalb der Rassen sind drei große Zuchtrichtungen zu unterscheiden: Die Gesangs-, Farb- und Positurkanarien.

Gesangskanarien Hierunter werden diejenigen Kanarienrassen zusammengefasst, die nach Gesang gezüchtet werden; sie unterscheiden sich in Variabilität und Lautstärke. Der Gesang der Tiere besteht aus Touren, wobei man unter Tour die zusammenhängende Abfolge von Silben, also eine Strophe, versteht. In den 1950er-Jahren legte man zwei Tourengruppen fest, die Werttouren und die sogenannten Fehltouren. Zu den Werttouren gehören beispielsweise Knorre, Hohlrolle, Glucke, Pfeife, Wassertour, Klingel und Klingelrolle. Fachleute bewerten nach diesen Kriterien die Gesangsqualität der Vögel. Der wichtigste Vertreter der Gesangskanarien ist der Harzer Roller. Der Spanische Timbrado und der Belgische Wasserschläger sind neben dem American Singer weitere wichtige Gesangskanarienrassen.

Farbkanarien Über 300 Farbschläge sind heute bekannt. Das Gelb und Rot der Kanarien entsteht durch Einlagerung von natürlichen Farbstoffen, die über das Futter aufgenommen werden. Vögel, die diese Carotinoide aus genetischen Gründen nicht einlagern können, bleiben weiß. Das Gefieder der Kanarienvögel enthält immer eine der Grundfarben Weiß, Gelb oder Rot und eine bestimmte Federstruktur – Intensiv, Schimmel oder Mosaik. »Melaninvögel« haben noch zusätzlich eine braune oder schwarze Zeichnung aus körpereigenen Pigmenten. Der Gesang ist eher zweitrangig.

Etwas unscheinbar, ähnlich unseren Finken – so sehen wilde Kanariengirlitze aus. Durch intensive Zucht entstanden daraus über 300 Farbschläge.

Kanarien-**Steckbrief**

WISSENSCHAFTLICHER NAME Der gezüchtete Kanari heißt *Serinus canaria forma domestica.*

GEWICHT Das Gewicht der Vögel variiert sehr stark. Es liegt je nach Rasse zwischen 15–40 g.

KÖRPERGRÖSSE Ursprüngliche Formen messen um die 14 cm, spezielle Zuchtformen der Positurkanarien können bis zu 20 cm groß werden.

LEBENSERWARTUNG Im Normalfall werden Kanarienvögel zehn bis zwölf Jahre alt, in Ausnahmefällen auch 15 Jahre.

GELEGEGRÖSSE Die Henne legt 4–6 Eier.

TEMPERATUR Die Körpertemperatur der kleinen Vögel ist mit 42 °C relativ hoch.

Positurkanarien Bei diesen Rassen wird besonderer Wert auf die Form, die sogenannte Positur, gelegt. Es gibt kleine, glatte Rassen wie den Gloster mit Haube oder den englischen Lizard mit einem markanten Zeichnungsmuster, daneben große glatte Tiere wie den Yorkshire aus England oder den Schweizer Berner. Die Figurenrassen werden in glatte Vögel und frisierte oder gelockte Tiere eingeteilt. Typische Vertreter sind hier der Paduaner, eine italienische Frisé-Rasse, oder der Gibber Italicus, eine Figuren-Frisé-Rasse. Haubenkanarien tragen eine kleine Federkrone und können ganz unterschiedlich gefärbt sein.

Muntere Hausgenossen

Durch ihre lange Domestikation sind Kanarienvögel von sich aus schon recht zutraulich. Sie sind pflegeleicht und somit auch für Anfänger in der Vogelhaltung geeignet. Allerdings sollte man immer mehrere Tiere halten, da sie auch in der Natur im Schwarm leben und in Einzelhaltung oft vereinsamen. Gegenüber anderen Vögeln zeigen sie keinerlei Aggressivität, man kann Kanarien mit Finkenvögeln oder Wachteln in einer Voliere halten (→ Seite 23). Auch mit den meisten Heimtieren wie Meerschweinchen oder Kaninchen sind sie gut verträglich. Lediglich bei Hunden und Katzen wird es

Raus hier, das ist mein Revier! Manchmal kann es im Vogelschwarm zu kleinen Streitereien kommen. Hier versucht der gelbe Vogel den Kanari in Rot-Mosaik von seinem Platz zu vertreiben.

schwierig, da die kleinen Sänger hier zur Beute werden können. Kanarienvögel haben kein Nagebedürfnis; sie sind durch den Aufbau ihres Schnabels gar nicht in der Lage, Holz oder Stoff anzuknabbern oder zu zerstören. Wände und Möbel sind vor ihnen also sicher. Sie sollten sich aber bewusst sein, dass ein Kanarienvogel im Gegensatz zu vielen anderen Heimtieren mit bis zu fünfzehn Jahren relativ alt wird und über die ganze Zeit Ihre Zuwendung und Pflege, auch in finanzieller Hinsicht, braucht.

Betörender Gesang

Ihren Gesang setzen die männlichen Kanarien hauptsächlich zur Brautwerbung ein und um ihr Revier gegen Artgenossen abzugrenzen. Die Hähne verfügen über ein Repertoire an Strophen, das angeboren ist. Feinere Abstufungen können auch erlernt werden. Die schönsten Lieder erklingen im Spätsommer und Herbst. Der Mensch hat sich dieses Talent zunutze gemacht und auf die Gesangsqualität und -intensität hin gezüchtet. Dieser Gesang ist es auch, der viele Vogelfreunde dazu bewegt, sich einen Kanarienvogel anzuschaffen – denn die Melodien sind oft sehr eindrucksvoll und für unsere Ohren angenehm. Die Kanarienstimme ist fast immer melodisch und leise. Ärger mit Nachbarn ist daher kaum zu erwarten.

Jede Kanarienrasse hat ihren eigenen Gesang, jedes Männchen seine eigene Qualität. Nehmen Sie sich daher bei der Auswahl Ihres neuen Freundes Zeit, und besuchen Sie mehrere Züchter, um sich in die Gesangsunterschiede einzuhören. Die Männchen beginnen mit dem Singen, sobald sie die Geschlechtsreife erreicht haben. Wenn Sie Ihren Kanarienvogel also nach seinem Gesangstalent aussuchen möchten, sollte das Tier mindestens acht bis neun Monate alt sein.

Passen Kanarienvögel zu mir?

TIPPS VOM
KANARIEN-EXPERTEN
Thomas Haupt

VERANTWORTUNG Kanarienvögel können zehn bis zwölf Jahre alt werden. Gehört der Vogel einem Kind, tragen die Eltern eine Mitverantwortung für seine Gesundheit und Pflege.

PLATZ Am besten ist es, mindestens zwei Tiere, möglichst zwei Weibchen oder ein Pärchen, in einem ausreichend großen Käfig zu halten. Die Finken brauchen zudem täglich Freiflug, da sie sonst verfetten und die Muskulatur verkümmert.

GESANG Die männlichen Kanaris singen gern und viel und lassen sich nicht einfach abstellen. Überlegen Sie genau, ob Ihnen der Gesang auch nicht mit der Zeit lästig werden könnte.

SCHMUTZ UND ALLERGIEN Durch kleine Federn oder Spelzen, die vom Futter übrig bleiben, machen Kanarienvögel etwas Dreck. Beim Freiflug verlieren sie außerdem Kot, der Gefiederstaub kann Allergien auslösen. Leiden Sie unter Asthma, sollten Sie keine Vögel halten.

KOSTEN Käfig, Futter, ein Besuch beim Tierarzt – können Sie sich die Tiere wirklich leisten?

Kanarienvögel im Porträt

Alle Kanarienvögel sind gelb? Bei Weitem nicht, obwohl die munteren Gesellen in dieser Farbe eine gute Figur machen. Rote, braune und gescheckte Farbschläge sind inzwischen fast genauso beliebt.

HARZER ROLLER Der klassische Kanari, wie ihn jeder kennt. Aber auch unter den gelben Tieren gibt es mehrere Farbschläge.

GLOSTER Gescheckte Vögel, hier ein Gloster mit Haube, sind eine sehr ansprechende Farbvariante. Die Grundfarbe kann dabei ganz unterschiedlich sein, sie ist jedoch immer mit dunklen Farbpartien kombiniert. Was gefällt, ist letztlich Geschmackssache.

ROTER FARBKANARIENVOGEL
Rote Kanarien sind eine Mutation, deren Farbe durch Beta-Carotin erst richtig zur Geltung kommt. Gibt man diesen Zusatz nicht, zum Beispiel durch Karotten oder Pulver ins Wasser, verblasst das Rot mit der Zeit.

LIZARD Ein Lizard hat immer eine gelbe »Mütze« auf. Man rechnet diese Vögel zu den Positurkanarien. Hier ein Tier in Gold-Lizard.

GESCHECKTE FARBKANARIEN Sehr intensiv im Kontrast sind gelb gescheckte Kanarienvögel. Die Scheckung sieht gleichmäßig am schönsten aus.

MELANINVOGEL Dieses braun melierte Tier besitzt wenig vom Dunkelfarbstoff Melanin, wodurch die Brauntöne hell und zart sind.

GLOSTER OHNE HAUBE Dieser Gloster ohne Haube zeigt viel Melanineinlagerung im Gefieder. Dadurch erscheint er eher bräunlich. Typisch für diese Positurkanarien-Rasse ist der rundliche Körperbau.

ROT-MOSAIK Je nach Intensität rechnet man Kanarien mit diesem Farbschlag zwei unterschiedlichen Typen zu: Exemplare mit kräftiger Maske, so wie hier, gehören zum Typ 2, Kanarienvögel mit wenig Farbe zum Typ 1.

Kanarienvögel als Heimtiere

In der Natur leben die Kanariengirlitze in lockeren Verbänden oder in kleinen Schwärmen. Das bringt Sicherheit vor Feinden, die von vielen Augen besser erspäht werden können, erleichtert den Vögeln die Partnerwahl und bietet außerdem die Möglichkeit, Sozialkontakte zu knüpfen und zu pflegen. Für die Haltung als Heimtier ist es daher auf jeden Fall empfehlenswert, mindestens zwei Vögel zusammen im Käfig zu halten.

Immer in Gesellschaft

Solange sie nicht balzen und brüten, sind Kanaris gesellige Vögel, die im Käfig oder der Voliere als kleiner Schwarm mit Männchen und Weibchen gehalten werden können. Kurz vor der Brutzeit aber beginnen die Hähne, ihr Revier abzugrenzen, und verteidigen es gegen andere Männchen. Dann ist es besser, einen zweiten Käfig zur Verfügung zu stellen, wenn der erste nicht groß genug ist, sodass die Tiere sich ausweichen und zurückziehen können. In einem kleinen Käfig leben die rangniedrigen Tiere sonst unter Dauerstress, denn sie werden von den Ranghöheren immer wieder aus deren Revieren vertrieben. Besteht für den Unterlegenen keine Rückzugsmöglichkeit, kann es in Ausnahmen sogar zu Todesfällen kommen. In einer bepflanzten und strukturierten Voliere kommen solche Fälle aber eher selten vor.

Kanarienweibchen untereinander können manchmal zickig sein, denn wie die Männchen sind sie revierneidisch. In der Regel vertragen sie sich aber gut. Am besten klappt die Haltung von einem oder mehreren Paaren. Möchten Sie auf Nachwuchs verzichten, ist es gut, Männchen und Weibchen zu Beginn der Balzzeit im März für etwa vier bis fünf Monate zu trennen.

Wird ein Männchen einzeln gehalten, singt es viel, um eine Partnerin anzulocken. Früher wurden Kanarienhähne aus diesem Grund oft in kleinen Käfigen isoliert, nur um ihren Gesang zu fördern.

Nie alleine: Zwei Lizard genießen gemeinsam den Ausblick und den versteckten Leckerbissen.

Für Katzen sind kleine Vögel immer potenzielle Beutetiere. Deshalb niemals beide Tierarten zusammen unbeaufsichtigt im Zimmer lassen.

Mit Meerschweinchen, Hamster und Co. vertragen Kanarien sich gut. Jeder lebt in seiner Welt und schenkt dem anderen nicht viel Beachtung.

Das gehört Gott sei Dank der Vergangenheit an, denn einzeln gehaltene Tiere leiden und können sogar krank werden, wenn Sie sich als Halter nicht intensiv um den Vogel kümmern. Gerade wenn Sie tagsüber außer Haus sind, fühlen sich Kanarienvögel mit Artgenossen viel wohler. Wenn Sie Wert darauf legen, dass Ihre Tiere sehr zahm werden, holen Sie sich am besten erst einen Vogel, zähmen ihn und holen dann nach einigen Wochen einen zweiten dazu (→ Seite 27).

Männchen oder Weibchen?

Männchen wie Weibchen sind freundliche und meist zutrauliche Hausgenossen. Wer besonderen Wert auf den Gesang legt, ist mit einem Männchen besser beraten. Die Geschlechtsbestimmung von Kanarienvögeln, besonders von Jungtieren ist nicht einfach und für Laien ohne Erfahrung oft kaum nachzuvollziehen. Die Kloakenöffnung (After) bei männlichen Tieren hebt sich normalerweise zapfenförmig vom Körper ab. Man spricht hier vom soge-

nannten Steißzapfen. Bei weiblichen Tieren fällt diese Vorwölbung deutlich schwächer aus. Praktisch ist es, mehrere Tiere zum Vergleich nebeneinanderzuhalten. Wenn Sie unsicher sind, fragen Sie bei der Auswahl am besten den Verkäufer oder nehmen einen Kanarienfachmann mit.

Kanarienvögel und andere Heimtiere

Als Fluchttier hat der Kanarienvogel vor den meisten anderen Heimtieren Respekt. Es gibt aber auch Kanaris, die nur schwaches Fluchtverhalten zeigen; beim Aufeinandertreffen mit einer Katze kann das schnell zum Unglück führen. Auch bei geschlossenem Käfig kann der Vogel bei Hund oder Katze den Jagdtrieb auslösen. Diese werfen den Käfig dann um, der Vogel entwischt und wird nicht selten gefangen. Gehen Sie daher, wenn überhaupt, nur zusammen mit Hund und Katze zum Käfig. Besser ist es, die Kanarien erst gar nicht unnötig zu stressen und solche größeren Tiere nicht in dasselbe Zimmer zu bringen.

Bei Nagetieren wie Meerschweinchen, Kaninchen, Hasen oder Hamstern gibt es eher selten Probleme, es sei denn, beide stehen nachts im selben Zimmer: Denn ein beispielsweise die ganze Nacht in seinem Rad laufender Hamster stört die Ruhe der Vögel, die bei Dunkelheit schlafen.

Bei zahmen Ratten kann es eventuell zu Bissverletzungen kommen – lassen Sie die Tiere am besten nicht unbeaufsichtigt zusammen im selben Zimmer laufen bzw. fliegen.

Kanarienvögel und Kinder

Jedes Heimtier bereichert das Leben eines Kindes. Es hört bei Kummer zu und ist ein Freund, dem man alles anvertrauen kann. Zum Kuscheln eignen sich Vögel aber nicht. Und sie sind am Anfang oft scheu, da sie von Natur aus als Beutetiere einen starken Fluchttrieb haben. Darum sind sie für Kinder erst ab dem zehnten Lebensjahr geeignet, wenn sie verstehen, dass man sich den Kanaris am besten behutsam und ohne Hektik nähert. Auch die Verantwortung für die Vögel zu übernehmen, sie täglich zu füttern, den Käfig zu reinigen und sich regelmäßig (auch in den Schulferien) mit ihnen zu beschäftigen kann jüngere Kinder überfordern. Hier tragen die Eltern ein großes Stück Mitverantwortung für die Pflege.

Für ältere Kinder sind Kanarienvögel aber ideal, da sie sehr zahm werden, wenn man sich intensiv mit ihnen beschäftigt. Dann kann man ihnen sogar kleine Kunststücke beibringen oder sie bei den Schularbeiten auf der Schulter sitzen lassen. Allerdings ist das Kinderzimmer nicht der geeignete Ort für Käfig und Vögel, denn der Gefiederstaub kann den Schlaf beeinträchtigen und zu Allergien führen. Am besten ist es, den Käfig da aufzustellen, wo sich das Familienleben abspielt – beispielsweise im Wohnzimmer.

Die Verantwortung für Gesundheit und Pflege der kleinen Finken liegt bei den Eltern, auch wenn der Vogel einem Kind gehört.

Die Frage des **Alters**

JUNGTIERE Kanarienvögel im Alter von sechs bis acht Monaten eignen sich zum Kauf am besten. Denn sie sind schon futterfest und können ihre Nahrung alleine aufnehmen.

MAUSER Nach etwa einem halben Jahr haben Kanarienvögel ihre erste Mauser hinter sich – damit sind sie weniger stress- und krankheitsanfällig. Denn gerade in der Zeit der Mauser ist der Kanarienkörper geschwächt.

EINGEWÖHNUNG Jungtiere gewöhnen sich leichter an Veränderungen als Alttiere. Sie werden daher schneller zahm und zutraulich. Was nicht heißt, dass nicht auch ältere Tiere einen engen Bezug zu ihrem Pfleger aufbauen können!

Kleine Vogelkunde

Ähnlich wie beim Kanariengirlitz ist der Körper des Kanarienvogels stromlinienförmig, was besonders im Flug deutlich wird. Seine Knochen sind innen hohl, um Gewicht zu sparen – und das Fliegen zu ermöglichen. Durch Beanspruchung verschleißen die Federn, daher fallen sie in der Mauser aus und wachsen neu nach. Plustert sich der Vogel auf, sammelt sich zwischen den Federn warme Luft; so wird die Körpertemperatur reguliert. Der dicke keilförmige Schnabel ist perfekt für das Entspelzen von Körnern geeignet, allerdings nicht zum Klettern. Die Beine der Tiere sind lang und dünn, die Füße haben vier Zehen. Die Kanarien können sich damit auf Ästen halten und am Boden hüpfend fortbewegen.

Mit allen Sinnen die Welt entdecken

Kanarienvögel haben extrem gute Augen, die während des schnellen Flugs viele Bilder in kurzer Zeit aufnehmen. Neben dem Gehör, das ebenfalls sehr gut funktioniert, treten die übrigen Sinne zurück.

Sehen Farben können Kanarienvögel gut erkennen, denn danach wählen sie auch ihre Nahrung aus. Ein roter Rachenfleck im Hals der Nestlinge, der nur während dieser Zeit und nur beim Schnabelaufsperren zu sehen ist, signalisiert den Eltern beispielsweise, dass der Jungvogel Hunger hat.

Hören Kanarienvögel haben ein sehr gut ausgeprägtes Gehör. Das ist auch nicht verwunderlich, da die Männchen ihre Reviere durch Gesang abgrenzen und die Weibchen ihren Liebsten nach seinem Lied auswählen.

Riechen Der Geruchssinn ist nicht so gut ausgeprägt, weil Kanaris mehr auf Visuelles ansprechen.

Schmecken Der Geschmack spielt bei Kanarien keine große Rolle, weil das Futter hauptsächlich nach Farbe und Konsistenz ausgewählt wird; dennoch haben auch Kanarienvögel für einige Leckerbissen eine Vorliebe, wie Löwenzahn oder fette Körner.

Das macht Spaß: Mit Grünfutter können Kanarien spielen und es auf kleine Insekten untersuchen – gern auch stundenlang!

Anatomie und Sinne

Schwanz

Der Schwanz hat bei Vögeln die Aufgabe, die Steuerung im Flug zu übernehmen. Er besteht aus so genannten Steuerfedern. Bei Kanarienvögeln ist er nicht so lang wie bei Sittichen, deren Flug durch die längeren Federn wesentlich schneller und gestreckter ist.

Ohren

Auf den ersten Blick kann man die Ohren nicht sehen. Sie liegen seitlich hinter den Augen als kleine Löcher im Gefieder versteckt. Wenn Ihr Kanari zutraulich ist, können Sie sich die kleinen Löcher einmal vorsichtig ansehen.

Gefieder

Bei allen Vögeln erfüllt das Gefieder wichtige Aufgaben. Es schützt zum einen vor Kälte und Nässe und erlaubt zum andern das Fliegen. Die Federn sind extrem leicht und machen nur etwa acht Prozent des Körpergewichts aus. In der Mauser im Spätsommer oder Herbst werden alle Federn, auch die Schwanzfedern, erneuert.

Flügel

In der Natur sind die Flügel die Lebensversicherung der Kanarien. Sitzend werden sie angelegt am Körper getragen, im Flug beträgt die Spannweite 10 bis 13 cm. Zur Pflege der Federn verwenden die Tiere eine Menge Zeit. Verschiedene Flügelstellungen werden zur Kommunikation mit den Artgenossen eingesetzt.

Augen

Die Augen sind außer bei Albinos schwarz und seitlich am Kopf angeordnet, was den Tieren eine Rundumsicht ermöglicht: Das Sehvermögen ist gut ausgebildet. Schließlich müssen Kanaris während des Flugs sehr viele Bilder in kurzer Zeit aufnehmen.

Schnabel

Keilförmig kennzeichnet er den Körnerfresser. Kanarien können damit nicht klettern, aber Gegenstände aufnehmen. Auch zur Gefiederpflege wird er eingesetzt. Achten Sie darauf, dass sich der ständig nachwachsende Schnabel gleichmäßig abnutzt, sonst kann sich eine Fehlstellung durchsetzen; Kanaris benutzen Kalkstein oder Äste, um ihn zu wetzen. An der Nasenwurzel sitzen zwei Nasenlöcher. Der Geruchssinn der Tiere ist nicht so gut ausgeprägt, weil sie stärker auf visuelle Reize reagieren.

Krallen

Kanarienvögel haben vier Zehen, von denen drei nach vorne und eine nach hinten gerichtet ist. Zu lange Krallen erschweren den Tieren das Hüpfen, daher sollten sie von Zeit zu Zeit sachgemäß gekürzt werden.

Das Kanarienheim

Endlich – die Kanarien ziehen zu Hause ein: Gibt man ihnen, was sie brauchen, sind die quirligen Vögel recht anspruchslos. Ein spannend ausgestatteter Käfig am richtigen Platz, Stangen aus Naturholz, eine Badeschale und ein oder mehrere Artgenossen sind die Voraussetzungen für perfektes Vogelglück!

Augen auf beim Kauf

Wer sich einen Kanarienvogel nach Hause holt, übernimmt damit Verantwortung für zehn oder sogar fünfzehn Jahre. Überlegen Sie sich deshalb die Anschaffung gut, und nehmen Sie sich für die Auswahl Ihres neuen Freundes genügend Zeit. Schauen Sie sich am besten Vögel in mehreren Zoohandlungen und bei Züchtern an.

Wo kaufen?

Egal ob Sie Ihre Kanarienvögel in einem guten Zoofachgeschäft, wo Sie ausführlich und kompetent beraten werden, oder beim Züchter holen wollen – lassen Sie sich nicht drängen! Der erste Eindruck in Bezug auf Farbe oder Gesang ist zwar meist der beste – hören Sie dem Gesang trotzdem eine Weile zu. Sie sollten ihn wirklich als angenehm empfinden, schließlich werden Sie ihn jahrelang so gut wie jeden Tag hören.

Auch in Tierheimen werden hin und wieder Kanarien angeboten, die sich über ein neues Zuhause und liebevolle Betreuung freuen. Oft bekommen Sie hier auch Pärchen, die sich schon lange kennen und denen die Eingewöhnung bei Ihnen dann leichter fällt. Eine weitere Möglichkeit, an Kanarienvögel zu kommen, sind Vogelbörsen. Hier sind die Tiere aber oft gestresst und zeigen fast nie ihre wirkliche körperliche Verfassung. Die Auswahl ist allerdings größer, und wer nach einem besonderen Farbschlag sucht oder den Gesang unterschiedlicher Rassen vergleichen möchte, hat auf einer Messe gute Chancen. Achten Sie in jedem Fall darauf, dass die Kanarienvögel unter guten Bedingungen leben: Sind die Tiere sauber untergebracht? Ist der Käfig groß genug? Sieht das Futter frisch aus? Ein gutes Zeichen ist auch, wenn die Vögel neugierig sind und sich viel im Käfig bewegen.

Die Qual der Wahl

Der beste Zeitpunkt zum Kauf ist der Morgen, dann sind die Vögel sehr aktiv. Beobachten Sie das Tier, das in der näheren Auswahl ist, eine Zeit lang, um eventuelle Krankheitsanzeichen oder Verhaltensauffälligkeiten zu bemerken: Hinken oder immer auf einer Stelle sitzen können Anzeichen für Verletzungen sein. Die Tiere sollten auch die von ihnen angepeilten Stangen gut erreichen. Stellen Sie sich bei Ihrer Beobachtung nicht zu dicht vor den Käfig,

die Tiere werden dadurch nur beunruhigt. In Gefahrensituationen sind Vögel immer bestrebt, so zu tun, als seien sie völlig gesund, um nicht auf sich aufmerksam zu machen. Schauen Sie sich auch die anderen Tiere genau an. Ist ein Tier krank, nehmen Sie aus dem ganzen Käfig besser gar keinen Vogel, denn auch ein noch fit wirkender Kanari könnte sich schon angesteckt haben. Woran man ein gesundes Tier erkennt, lesen Sie im Expertentipp (rechts). Haben Sie sich für ein Tier entschieden, fragen Sie den Verkäufer nach seinem Geschlecht (→ Seite 13), dem Alter und eventuellen Besonderheiten – das kann ein sehr ausgeprägter Gesang sein oder dass das Tier schon einmal gebrütet hat oder besonders zutraulich ist.

Hinweis Wenn der Verkäufer den Vogel eingefangen hat, sehen Sie ihn sich auch aus der Nähe noch einmal genau an. Betasten Sie vorsichtig die Brustmuskulatur des Tieres – sie sollte nicht eingefallen sein und das knöcherne Brustbein nicht hervorstehen, sonst ist der Kanarienvogel abgemagert und möglicherweise krank.

Wie wichtig ist der Ring?

Obwohl staatlich nicht vorgeschrieben, legen einige Züchter den Kanaris dennoch einen Ring an. Darauf sind Züchternummer, das Geburtsjahr des Vogels und oft eine laufende Nummer, die angibt, um den wievielten Vogel der Zucht es sich handelt, vermerkt. Notieren Sie sich die Ringnummer Ihres Vogels gut,

Glänzendes Gefieder, klare Augen sowie saubere Beine und After – ein gesunder Kanarienvogel.

falls er einmal entfliegen sollte und Sie ihn identifizieren müssen. Achten Sie außerdem darauf, dass der Ring nicht zu eng wird, sondern immer frei drehbar am Fuß sitzt. Sitzt er irgendwann zu eng, muss er vom Tierarzt entfernt werden.

Transport ins neue Heim

Eine Transportbox in Schuhschachtelgröße (zum Züchter mitnehmen, Zoofachhandlungen haben Boxen) verhindert Verletzungen und schützt vor Zugluft. Im Dunkeln verhalten sich die meisten Vögel außerdem ruhig. Ist die Box aus Holz oder besser Kunststoff, kann sie in der Zukunft auch für einen Transport zum Tierarzt genutzt werden. Wichtig ist, dass sie über Lüftungsschlitze und eine leicht zu öffnende Tür verfügt, damit das Tier schnell entnommen werden kann. Um Ihren Kanari zu Hause in den Käfig zu entlassen, halten Sie die Box mit der Öffnung an die Käfigtür. Lassen Sie dem Vogel Zeit, und schütteln Sie ihn auf keinen Fall aus der Kiste.

Den Käfig vorbereiten

Richten Sie am besten schon einige Tage vor Ankunft Ihrer neuen Hausgenossen alles her: Überlegen Sie sich, wo ein geeigneter Standort für den Käfig ist. Nehmen Sie Maß, damit Sie im Geschäft wissen, wie groß das Kanarienheim sein darf. Nicht alle im Handel angebotenen Käfige sind auch für die Vogelhaltung beziehungsweise die Kanarienhaltung geeignet; fragen Sie den Verkäufer. Denken Sie auch daran, den Käfig einzurichten (→ Seite 24). Füllen Sie Körner, Obst und Wasser auf, bevor der Vogel einzieht, damit er in den ersten Stunden sein neues Zuhause ungestört erkunden kann. Am besten informieren Sie sich auch schon im Vorfeld, wo es in Ihrer Umgebung einen Tierarzt gibt, der auf Ziervögel spezialisiert ist.

Gesundheit auf einen Blick

TIPPS VOM
KANARIEN-EXPERTEN
Thomas Haupt

GEFIEDER Wenn sich ein Vogel regelmäßig putzt, schimmert das Gefieder. Die Federn sollten glatt, eng anliegend und ohne kahle Stellen sein. Nur in der Mauser können Sie hier Abstriche machen, es ist aber besser, einen Vogel erst nach der Mauser, im Spätherbst, zu kaufen.

KLOAKE UND BEINE Der After und die Beine dürfen nicht kotverschmiert sein. Beides sollte außerdem keine Verkrustungen aufweisen. Die Krallen sind im Idealfall kurz und sauber.

AUGEN UND SCHNABEL Die Augen sollen klar und ohne Ausfluss sein, ebenso die Nase. Die Tiere dürfen nicht schniefen, niesen oder ein klickendes Atemgeräusch machen. Halten Sie sich den Vogel dazu dicht ans Ohr, dann können Sie seine Atemgeräusche überprüfen. Der Schnabel sollte symmetrisch geschlossen sein, sonst muss er später immer wieder nachgeschnitten werden.

KÖRPER Fettpolster weisen auf alte Tiere hin, die manchmal von unseriösen Verkäufern angeboten werden, weil sie sich zur Zucht nicht mehr eignen. Oder das Tier wurde überfüttert.

Das Wohlfühlheim

Kanarienvögel brauchen viel Beschäftigung. Je interessanter ihr Zuhause eingerichtet ist, desto aktiver und fröhlicher werden die Vögel sein.

Der ideale Vogelkäfig

Größen von mindestens 40 cm Länge, 20 cm Breite und 40 cm Höhe sind für zwei oder drei Tiere mit zusätzlichem Zimmerfreiflug ausreichend. Als Faustregel gilt: Die Vögel sollen im Käfig zumindest ihre Flügel ausbreiten und auch einen Flügelschlag machen können. Runde sowie schmale und hohe Käfige eignen sich wenig. Vögel leben eher in der Horizontalen – perfekt ist ein Zuhause, das eine lange, rechteckige Form hat. Ideal ist es, wenn die Gitterstäbe quer angeordnet sind, der Abstand sollte ungefähr 1,5 cm betragen. Eine große Tür erleichtert die täglichen Arbeiten.

Den richtigen Platz finden

Ein geeigneter Standort ist wichtig, damit die Kanarien gesund und munter bleiben.

› In Ihrer Wohnung fühlen sich Kanaris dort am wohlsten, wo etwas los ist. Feindabwehr und Futtersuche entfallen im Käfig weitgehend, sodass etwas Abwechslung von außen guttut. Die Tiere sollten aber die Möglichkeit haben, sich zurückzuziehen.

› Platzieren Sie den Käfig standfest an einem etwas erhöhten Ort. Kanaris fühlen sich sicherer, wenn sie den Überblick behalten. Steht der Käfig zu niedrig, werden die Vögel unruhig, denn von oben könnten Greifvögel kommen, von unten Fressfeinde wie Katzen und Ratten.

› Ideal als Käfigstandort ist außerdem ein heller Platz, am besten mit Vormittagssonne, denn die Tiere lieben es, ab und zu ein Sonnenbad zu nehmen. Achten Sie aber auch darauf, dass es im Käfig ein schattiges Plätzchen gibt.

› Viele Vogelfreunde haben Sorge, die Tiere könnten bei geöffnetem Fenster Zug abbekommen, der ihnen schadet. Eine kühle Brise für einige Minuten macht den Vögeln nichts aus. Ungut ist allerdings

Äste, Seile, eine Schaukel – hier fühlen sich Ihre Kanarienvögel richtig wohl und können sogar ihre Flügel kurz benutzen!

Einige Kräutertöpfe und eine Wasserschale – fertig ist der vitaminreiche Zwischensnack für die quirligen Energiebündel.

Ein perfekter Spielplatz fürs Vogelzimmer sind verschiedene Naturäste an Seilen, die Sie an der Zimmerdecke befestigen.

ein undichtes Fenster, durch das ständig kalte Luft einströmt. Hier werden Kanaris krank.

Luxus pur: Vogelzimmer und Voliere

Wer die Möglichkeit hat, seinen Vögeln ein eigenes Zimmer oder eine Außenvoliere zur Verfügung zu stellen, tut ihnen damit einen riesigen Gefallen.

Vogelzimmer Gestalten Sie das Vogelzimmer, indem Sie quer durchs Zimmer Stangen, Seile und Äste anbringen. Den Boden können Sie mit Zeitung oder Malerfolie auslegen, auf die Sie Vogelsand und Erde geben. Ein erhöhtes Brett mit Bade- und Futterschalen komplettiert den Raum. Verhängen Sie die Fenster mit hellen Vorhängen oder Fliegengittern. Achten Sie im ganzen Raum auf Sauberkeit. Einmal wöchentlich sollten Sie Einstreu und Äste säubern, Spelzen und Kot täglich entfernen.

Voliere Außenvolieren gibt es aus Holz oder Metall mit Drahtbespannung bereits vorgefertigt. Um Verletzungsgefahr durch Katzen oder Wildvögel auszuschließen, sollte eine weitere Drahtschicht

auf der Innenseite des Rahmens angebracht werden. Für den Garten können Sie ein kleines, beheizbares Schutzhaus zukaufen. Wenn Sie die Voliere winterfest machen wollen, bringen Sie im Herbst eine Plastikplane an der Außenseite an. Diese schützt auch vor Kot von Wildvögeln, der Parasiten übertragen kann. Kanarienvögel sind »winterhart«, was Wohlbefinden bis etwa minus 8 °C bedeutet, solange sie sich aufwärmen können. Achten Sie in der kalten Jahreszeit auf energiereiche Nahrung mit fettreichem Körnerfutter. Eine Außenvoliere sollte mindestens 2 m lang und hoch sowie 1 m breit sein. Hängen Sie Äste auf, und setzen Sie große Steine. Sie können auch Gehölze pflanzen. Vorsicht: Eibe, Ilex, Goldregen und Liguster sind giftig. Zimmervolieren sind große Käfige für drinnen; sie bestehen meist aus Metall und werden oft als Bausatz angeboten. Ein lichter Kellerraum, Wintergarten oder eine Ecke im Wohnzimmer eignen sich zur Aufstellung. Da diese Käfige oft Rollen haben, können sie im Sommer auf den Balkon gestellt werden.

Grundausstattung des Kanarienheims

Je mehr Abwechslung die Kanarien im Käfig haben, desto ausgeglichener sind sie. Trotzdem sollten Sie den Käfig nicht mit zu viel Zubehör ausstatten – am wichtigsten für die Tiere ist viel Bewegungsfreiheit.

1 Wasserspender

Sie können den Tieren Wasser auch in einem Napf oder einer Edelstahlschüssel anbieten. Aus hygienischen Gründen empfehle ich Ihnen aber, ein Trinkröhrchen zu verwenden.

2 Futternäpfe

Neue Käfige haben meist Näpfe aus Plastik, die von außen zu befüllen sind. Die Tiere stecken ihren Kopf durchs Gitter, wodurch die Näpfe sauber bleiben. Da Plastik aber mit der Zeit rissig wird, sind diese Schalen ein Nährboden für Bakterien. Näpfe aus Keramik sollten immer glasiert sein. Ich selbst empfehle Schalen aus Edelstahl. Sie lassen sich leicht reinigen (auch in der Spülmaschine) und sind langlebig. Bei mehreren Vögeln nehmen Sie große Schalen. Insgesamt brauchen Sie zwei Näpfe: einen für Körner und einen für Obst und Grünfutter.

3 Badegelegenheit

Da Kanarien leidenschaftlich gern baden, sollten Sie eine Badeschale oder ein Badehäuschen bereitstellen oder eine Möglichkeit beim Freiflug anbieten.

4 Vogelsand

Da Kanarien oft Körner fressen, aber keine Zähne haben, schlucken sie Steinchen, (Vogel-)Grit genannt; dieser mahlt im Muskelmagen das Futter klein. Sie können entweder den gesamten Käfig-boden mit Vogelsand ausstreuen oder nur eine Schale anbieten. Verzichten Sie auf Sandpapier; es ist so rau, dass die Sohlen der Tiere wund werden können, außerdem ist der Klebstoff ungesund.

5 Sitzäste

Verwenden Sie unterschiedlich dicke Stangen aus ungespritztem Nuss- oder Obstbaumholz. So werden die Beinmuskeln trainiert, und es kommt selten zu Sohlengeschwüren. Auf Latten von 3–4 cm Breite können die Tiere ihre Füße einmal ganz entlasten. Drei bis vier Stangen sind ideal, zwei im oberen Drittel, die dritte eine Etage tiefer. Auch Seile aus Hanf oder Kunststoff, quer durch den Käfig gespannt, nehmen die Vögel gerne an.

6 Sepiaschale

Sie ist ein guter Kalziumlieferant und Wetzstein. Manche Kanarien haben aber Mühe, etwas aus der Schale zu picken. Darum empfiehlt es sich, ab und an Futterkalkpulver unter die Körner zu geben. Ein Esslöffel Kalk auf ein Kilo Körnerfutter reicht aus.

Spielzeug für Kanarienvögel

SCHAUKEL Kanaris sind nicht so verspielt wie Papageien, lieben aber eine Schaukel im Käfig, die das Wiegen der Äste im Wind imitiert. Hier sitzen die Vögel gerne und schlafen auch darauf.

SPIELZEUG Statt mit Spielzeug beschäftigen sich die meisten Kanarienvögel lieber mit Ihnen, ihrem Freund und Pfleger.

Sanfte Eingewöhnung

Der Käfig ist vorbereitet und der Kanarienvogel nach Hause gebracht. Jetzt geht es darum, dem Tier Zeit zur Eingewöhnung zu geben und sich behutsam Schritt für Schritt mit Ihrem neuen Hausgenossen vertraut zu machen.

Die ersten Tage im neuen Heim

Wenn Sie folgende Punkte beachten, gelingt Ihrem Kanari die Eingewöhnung rasch und stressfrei.

Ruhe Gönnen Sie Ihrem Kanarienvogel nach der Aufregung des Transports einige Stunden Ruhe. Es ist möglich, dass das Tier zunächst auf jedes Geräusch und jede Bewegung von außen mit Flucht reagiert – das ist normal und braucht Ihnen keine Sorgen zu machen. Entfernen Sie sich so weit vom Käfig, dass der Vogel Sie nicht als Bedrohung wahrnimmt; dann wird er sich beruhigen.

Erkundung Sobald der Vogel anfängt, sich zu putzen und den Käfig zu inspizieren, beginnt die Eingewöhnung. Lassen Sie Ihrem neuen Freund in den ersten drei bis vier Tagen Zeit, sich zu orientieren.

Freiflug Auf keinen Fall darf der Kanarienvogel jetzt aus dem Käfig gelassen werden! Er würde nicht von alleine wieder hineingehen, da der Käfig noch nicht als Zuhause akzeptiert wird. Sie müssten den Vogel dann jagen und könnten die zarten Bande der beginnenden Freundschaft empfindlich stören.

Kontaktaufnahme Nach ein paar Tagen hat der Kanarienvogel verinnerlicht, dass ihm von Ihnen keine Gefahr droht. Er weiß jetzt, wer ihm Futter und Wasser bringt, und wird im besten Fall sogar von sich aus mit der Kontaktaufnahme beginnen. Wenn nicht, dann sind Sie jetzt gefordert.

Pflegeplan Der erste Schritt ist, Ihren Kanari an regelmäßige Zeiten und Abläufe zu gewöhnen, was Füttern und Saubermachen betrifft. Das festigt Ihre Beziehung und gibt Ihrem Vogel Vertrauen.

Zutrauen Bewegen Sie sich immer ruhig in Käfignähe. Schnelle Bewegungen verunsichern Vögel, worauf sie mit Flucht reagieren. Ist die Vertrauensbasis geschaffen, können Sie mit der Zähmung beginnen. Die Neugierde des Kanaris tut ein Übriges, um die Beziehung weiter zu festigen.

Sich den Kanari zum Freund machen

Wenn Sie wirklich zahme Kanarienvögel haben möchten, ist es gut, sich immer nur mit einem Tier zu befassen. Auch wenn Sie mehrere Tiere halten möchten, alle aber handzahm und zutraulich sein

Putzmunter: In den ersten Tagen im neuen Heim wird jedes Detail neugierig untersucht.

sollen, schaffen Sie sich zunächst am besten nur einen Vogel an. Zähmen Sie ihn Schritt für Schritt (→ unten), und holen Sie sich erst dann einen zweiten oder dritten Kanari ins Haus. Auch diesen sollten Sie zunächst zähmen, bevor Sie ihn mit Ihrem ersten Vogel vergesellschaften. So wird er nicht abgelenkt. Wenn Sie sich auch weiterhin intensiv mit den Tieren beschäftigen, bleibt die Vertrautheit bestehen. Denken Sie aber immer daran, sowohl in der ersten Phase der Zähmung als auch später, dass Kanarienvögel nur eine begrenzte Aufnahmefähigkeit haben und immer wieder Ruhe- und Fresspausen brauchen. Die kleinen Gesellen können sich in dieser wichtigen Zeit zurückziehen, baden, ihr Gefieder pflegen oder Kontakte zu den anderen Vögeln vertiefen. Mehrere kleine Übungs-

1 KENNENLERNEN Lassen Sie Ihrem Kanari Zeit, sich mit Ihnen und der Umgebung vertraut zu machen. Stellen oder setzen Sie sich in die Nähe, aber lassen Sie die Käfigtür vorerst geschlossen. Sprechen Sie ruhig mit dem Tier. Nähern Sie sich Schritt für Schritt dem Käfig an, immer nur so weit, wie der Vogel es ohne Fluchtreaktion zulässt, bis Sie direkt vor dem Käfig stehen.

2 KLEINE »VERFÜHRUNG« Legen Sie die Hand auf den Käfig, während Sie leise mit dem Vogel sprechen. Bald merkt er, dass ihm von der Hand keine Gefahr droht. Ködern Sie ihn jetzt mit einem Leckerbissen: Vielleicht wissen Sie schon, was er gerne frisst? Dann stecken Sie ihm etwas davon durch die Stäbe. Kolbenhirse oder Kanarienkekse haben sich schon oft bewährt.

3 VERTRAUEN GEWINNEN Nimmt Ihr Kanari das Futter durchs Gitter, legen Sie die Hand mit Leckerbissen in den Käfig. Machen Sie die Belohnungsstücke so klein, dass der Vogel auf Ihre Hand hüpfen muss. Haben Sie Geduld. Im letzten Schritt können Sie den Vogel, während er auf Ihrer Hand sitzt, aus dem Käfig heben und zurücksetzen. Belohnung ist ein Leckerbissen.

einheiten am Tag sind also besser als lange Sitzungen, die das Tier nur ermüden und langweilen. Im schlimmsten Fall verbindet Ihr Kanarienvogel mit dem Training dann nämlich etwas Negatives. Vermeiden Sie in der Zeit, in der Sie sich mit dem Vogel beschäftigen, nach Möglichkeit auch laute Geräusche, Türenschlagen und hämmernde Musik.

Geschafft! Mit etwas Geduld und einem Leckerbissen wie beispielsweise Löwenzahn locken Sie Ihren Kanari bald auf die Hand.

Sie erschrecken das Tier, und es wird wegfliegen und Schutz suchen. An Geräusche, die immer wiederkehren, gewöhnen sich Kanarienvögel aber schnell und nehmen sie nicht mehr als bedrohlich wahr. So sollte der Gebrauch eines Staubsaugers in der Umgebung der Vögel kein Problem sein. Beginnen Sie mit dem Saugen aber am besten nicht in unmittelbarer Nähe des Käfigs, sondern fangen Sie beispielsweise an der Zimmertür an.

Die Freundschaft intensivieren

Die ersten Schritte sind getan auf dem Weg zu lebenslanger Freundschaft mit Ihrem Kanarienvogel. Wenn Sie sich an die folgenden Punkte halten und das Tier zu nichts zwingen, was es nicht möchte, können Sie das Zutrauen immer weiter ausbauen und verstärken.

Eigener Wille Kanarienvögel sind keine Kuscheltiere, und haben ihren eigenen Kopf. Drücken Sie den Vogel nicht und halten Sie ihn auch nicht zu fest in der Hand, sonst verbindet das Tier schnell etwas Negatives damit, gehalten zu werden. Lassen Sie den Vogel wegfliegen, wenn er möchte.

Kraulen Viele Kanarien werden gern am Bauch gekrault, aber erst, wenn sie Vertrauen zu Ihnen gefasst haben. Am Rücken werden die meisten Tiere nicht so gern berührt, aber vielleicht ist Ihr Vogel eine Ausnahme. Probieren Sie es!

Höhlen Zwar sind Kanarien neugierig und erforschen gern alles Höhlenartige – in Hosen- oder Jackentaschen wollen sie aber nicht gesteckt und mitgenommen werden. Sie krabbeln auch nicht gerne unter die Kleidung.

Leckerbissen Belohnen Sie Ihren Kanarienvogel für ein Verhalten, das Sie fördern möchten – dann merkt das Tier es sich und wiederholt es, um einen Leckerbissen zu bekommen. Wenn Sie also möchten, dass sich der Kanari auf Ihre Schulter setzt, legen Sie einen Hirsekolben darauf. Bestimmt kommt der Vogel bald angeflogen und bedient sich.

Fit durch Futter

Um für den Flug leicht zu sein, sind Kanarienvögel ohne große Fettreserven ausgestattet. Ihr Federkleid gaukelt mehr Körpermasse vor, als eigentlich vorhanden ist. Der Stoffwechsel der Tiere läuft zudem ständig auf Hochtouren, denn ihre Körpertemperatur beträgt schon im Normalfall etwa 42 °C, weshalb sie einen enormen Energiebedarf haben. Damit Ihre Kanarienvögel den Grundumsatz decken und daneben die große Leistung des Fliegens erbringen können, ist eine regelmäßige, abwechslungsreiche und zugleich ausgewogene Ernährung überlebenswichtig.

Hauptmahlzeit Körnerfutter

Die Hauptnahrungsquelle der Kanarien ist ein ausgewogenes Körnerfutter, das Sie im Zoofachhandel fertig kaufen können. Grundlage bildet ein Gemisch aus verschiedenen Samen, zum Beispiel Rübsen, Glanz- oder Kanariensamen, Leinsamen, Hirse, geschälter Hafer, Mohn, Hanf oder Nigersaat. Die

Kolbenhirse mit Petersilie ist für Kanarienvögel ein Festessen. Weil Kolbenhirse sehr nahrhaft ist, sollte sie nicht jeden Tag auf dem Speiseplan stehen.

Qualität des Futters ist für die Gesundheit der Tiere sehr wichtig. Achten Sie darauf, dass die Körner glänzend sind und nicht muffig riechen. Das Futter sollte eine kräftige Farbe haben; Rübsen ist zum Beispiel rot, Hirse gelblich, Mohn schwarz. Ablagerungen wie Erde und Spelzen sowie Schimmel sind Zeichen für minderwertiges Futter.

Lagerhaltung Kaufen Sie nicht zu viel Futter auf einmal, es kann sonst ranzig werden. Bewahren Sie es trocken und kühl in einer Plastikdose auf. Körnerfutter hält sich mehrere Wochen, wenn es nicht feucht wird – machen Sie immer wieder einen Geruchstest. Samen in Plastiktüten zu kaufen oder aufzubewahren kann ich nicht empfehlen – durch Schwitzwasser können Schimmelpilze entstehen.

Auch Futter aus Großhandelsketten kann schon längere Zeit gelagert sein; es verliert dadurch an wertvollen Vitaminen. Am besten kaufen Sie Futter im Zoofachhandel, wenn möglich, frisch abgepackt oder gar frisch gemischt.

Leibgericht Viele Kanarien haben eine Lieblingssaat, an der sie sich satt essen und den Rest verschmähen. Oft werden fette Körner bevorzugt, was auf Dauer zur Verfettung der Tiere führen kann. Einen Vogel aber dahin zu erziehen, das gesamte Körnerangebot zu fressen, ist kaum möglich. Und das Tier so lange hungern zu lassen, bis alles aus dem Napf gefressen ist, schadet nur. Nehmen Sie die Körner, die der Vogel immer bevorzugt oder solche, die er gar nicht anrührt, zeitweise aus dem Angebot. So orientiert sich das Tier um und wendet sich anderen Saaten zu.

Abwechslung tut gut Winterfutter für Kanarienvögel, die in einer Freivoliere untergebracht sind, enthält mehr fette Samen wie Hafer oder Hanf. Dieses spezielle Futter können Sie hin und wieder unter die üblichen Körner mischen; auch einzeln angebotene Saaten wie bestimmte Hirsesorten, Haferflocken, Wellensittichfutter oder aber eine Stange Kolbenhirse lockern das Körnerfutter auf und verhindern dadurch eine einseitige Selektion.

Vitamine durch Frischfutter

Obst und Gemüse Dieses Frischfutter enthält wichtige Vitamine und Mineralstoffe, die Körnerfutter fehlen. Füttern Sie zweimal am Tag etwas frisches Obst wie Apfel, Birne, Trauben, Mango, Kiwi,

Obst und Gemüse werden im Handumdrehen zum Spielzeug, wie hier als kleiner Turm. Immer in schnabelgerechten Stücken anbieten!

Golliwoog ist eine Futterpflanze für Heimtiere, die auch Ihren Kanarien beim Freiflug den nötigen Vitaminschub fürs Fliegen und Herumtollen bietet.

Nicht nur hübsch anzusehen, sondern auch lecker: Knospen und Blüten von ungespritzten Obstbäumen bereichern den Speiseplan Ihrer Vögel.

Kirschen, Beeren, Datteln, Feigen oder Banane in schnabelgerechten Stücken. Beliebte Gemüsesorten sind Möhren, Rote Bete, Kohlrabi, Radieschen oder gekochte Kartoffeln. Bioprodukte sind erste Wahl. Aber auch Selbstgezogenes aus dem Garten oder Blumenkästen eignet sich bestens, da es ungespritzt und weitgehend schadstofffrei ist. Leider gibt es bei Kleinvögeln immer wieder Todesfälle, wenn sie über längere Zeit mit belastetem Gemüse gefüttert wurden. Die Schadstoffe lagern sich im Vogelkörper ab und vergiften das Tier mit der Zeit.

Beschäftigung beim Fressen Apfelschnitze, Möhrenstücke oder kleine Teile von Roter Bete können Sie zur Abwechslung ins Gitter oder auf einen Ast klemmen, woran die Tiere dann picken. Aus dem Garten eignen sich auch frisch austreibende Zweige von Obstgehölzen – Ihre Vögel werden die Rinde begeistert nach Kleininsekten und Knospen untersuchen und auch an den Blättern knabbern.

Salat und Kräuter Grünen Salat, Feldsalat, Löwenzahnblätter, Gänseblümchen, Vogelmiere,

Petersilie und Wegerich sowie die Samen wilder Gräser können Sie immer wieder im Wechsel anbieten. Alte Obstbaumwiesen eignen sich gut zur Suche. Pflanzen an dicht befahrenen Straßen lassen Sie dagegen besser stehen. Aus Gräsern und Löwenzahn können Sie auch einmal einen Strauß binden und in den Käfig hängen. Jedes neue Kraut oder Blatt wird von den Vögeln genauestens unter-

---

Füttern – aber richtig!

REGELMÄSSIG Füttern Sie stets zu festen Zeiten.

FRISCHE Bereiten Sie das Futter immer frisch zu.

HYGIENE Ungefressene Obst- und Gemüsereste entfernen Sie abends wieder.

MENGE So viel füttern, dass die Vögel nicht hungern. Körnerfutter: 1–2 TL pro Vogel und Tag.

sucht – eine spannende Beschäftigung! Beginnen Sie langsam mit der Fütterung von Grünzeug, damit sich der Organismus der Kanarienvögel daran gewöhnen kann. Kohl und Salat führen nämlich oft zu Blähungen, da sie einen hohen Wasseranteil haben und im Bauch der Tiere aufquellen.

Gesunde Verdauung

Sand beziehungsweise Vogelgrit, also kleinste Steinchen für die Verdauung, gehören für Kanarien zur gesunden Ernährung dazu (→ Seite 30/31). Mischen Sie dem Sand am besten etwas Muschelkalk bei, so wird die Kalkversorgung der Tiere sichergestellt, besonders bei eierlegenden Weibchen, die den Kalk für die Eibildung dringend brauchen. Hin und wieder freuen sich die Vögel auch über eine kleine Schale mit Garten- oder Walderde, gerne noch mit einigen Grashalmen darin. Das versorgt die Tiere mit zusätzlichen Mineralstoffen.

Wasser ist Lebenselixier – deshalb am besten täglich ersetzen und in offenen Schalen öfter von Kot und Futter säubern.

Eiweiß macht stark

Gerade in der Brutzeit (→ Seite 58/59) fressen Kanarien gern einmal tierisches Eiweiß als Energiespender. Bieten Sie Aufzucht- oder Eifutter an, das es im Fachhandel gibt. Dieses Eifutter ist zum Teil mit Farbstoffen versetzt, um rote Kanarien noch intensiver leuchten zu lassen. Sie können Eifutter auch selbst herstellen, indem Sie hart gekochtes Ei, Salat und geraspelte Möhre oder Apfel mischen. Geben Sie ab und zu etwas Insekten- oder Weichfutter dazu, das es im Zoofachhandel gibt. Manche Tiere mögen es gern mit Wasser gemischt. Bieten Sie diese Kalorienbomben aber nur ausnahmsweise an, sonst werden die Tiere fett. Auch Zwieback kann während Brut und Mauser verfüttert werden.

Wasser

Um Nierenschäden durch stark kalkhaltiges Wasser zu vermeiden, können Sie stilles, natriumarmes Mineralwasser geben. Wenn Sie das Trinkwasser in einer offenen Schale anbieten, die auch zum Baden benutzt wird, kontrollieren Sie zweimal am Tag, dass kein Kot darin schwimmt – Bakterien breiten sich sonst aus und können krank machen. Wechseln Sie das Trinkwasser im Röhrchen täglich.

Vorsicht – giftig!

› Die grünen Teile von Tomaten oder Kartoffeln, rohe Kartoffeln, grüne Bohnen, Avocado, Zwetschge und Grapefruit sind ungenießbar für Kanarienvögel und sollten nicht verfüttert werden.
› Ihre Vögel knabbern besser nicht an Zimmerpflanzen, selbst wenn diese als ungiftig gelten. Es kann sonst zu Verdauungsstörungen kommen.
› Die Zweige von Eibe, Goldregen und Liguster sind für Kanarienvögel giftig. Verwenden Sie sie auf keinen Fall für die Käfigeinrichtung.

So fühlen sich Ihre Tiere wohl

Das Erfolgsrezept für ein harmonisches Zusammenleben von Mensch und Vogel lautet: Bauen Sie geduldig Vertrauen auf, bieten Sie einen ansprechenden Käfig, täglich Freiflug, viel Zuwendung und eine ausgewogene Ernährung.

Tut gut

+ Treten Sie schon in den ersten Tagen in Kontakt mit Ihren Kanarien, indem Sie ruhig mit ihnen sprechen.

+ Stellen Sie den Käfig in einen Raum, wo viel los ist, an einen erhöhten Platz. Hier fühlen sich die Kanaris sicher und haben alles im Blick.

+ Füttern Sie zu festen Zeiten und abwechslungsreich. Hin und wieder etwas Zwieback, grüner Salat oder Insektenfutter aus dem Fachhandel hält die bunten Gesellen bei Laune.

+ Nehmen Sie sich von Anfang an Zeit für Ihr Tier. Bieten Sie Abwechslung im Käfig und beim späteren Freiflug, beispielsweise mit einer Grasschale, in der Ihr Vogel picken kann.

Besser nicht

− In den ersten paar Tagen soll der Kanari seinen neuen Käfig kennenlernen. Verzichten Sie jetzt auf Freiflug, sonst müssen Sie den Vogel mühsam einfangen.

− Vermeiden Sie in der Nähe des Käfigs schnelle Bewegungen und laute Musik. Hunde und Katzen sollten möglichst nicht in Käfignähe kommen.

− Stellen Sie das Futter nicht abrupt um; an Grünfutter müssen sich die Vögel langsam gewöhnen. Und füttern Sie keine unbekannten Pflanzen.

− Zwingen Sie die Vögel zu nichts. Haben Sie Geduld beim Zähmen, und arbeiten Sie mit Belohnung statt mit Strafe.

Pflege und Gesundheit

Weil das Gefieder für Kanarien lebensnotwendig ist, verbringen sie Stunden damit, es zu putzen und zu ordnen. Neben richtiger Unterbringung und Ernährung leisten Sie Ihren Beitrag zum Wohl der Tiere, indem Sie sich täglich um Käfig und Vögel kümmern und ein Auge darauf haben, ob es allen Bewohnern gut geht.

Basics für ein langes Vogelleben

Im Käfig oder in der Voliere halten sich unsere Lieblinge fast ihr ganzes Leben lang auf. Anders als in der Natur kommen die Vögel auf diesem begrenzten Raum auch mit ihren Hinterlassenschaften in Kontakt. Klebrige Futterreste werden gern vom Schnabel an einem Ast abgestreift, der nächste Vogel setzt sich darauf und nimmt den Futterrest somit auf. Hüpft er dann in eine Futterschale, können sich Keime schnell übertragen. Auch verunreinigtes Wasser ist eine Brutstätte für Bakterien. Zur regelmäßigen Pflege gehören daher die kleinen täglichen Handgriffe – das Säubern der Schalen und der Einstreu, das Entfernen von altem Futter und Kot sowie das Reinigen des Wassernapfes oder -spenders.

Vorsorge ist das A und O

Zwar können Kanarienvögel bis zu 15 Jahre alt werden – aber nur, wenn sie liebevoll betreut werden und gesund bleiben. Wichtig dafür ist eine ausgewogene Ernährung, die den Vögeln Nährstoffe und Vitamine bietet, ohne ihnen zu viel Energie zu liefern, sodass sie verfetten (→ Seite 30/31). Ebenso wichtig ist der tägliche Freiflug: Nicht nur, um den Vögeln Abwechslung vom Käfig zu bieten, sondern auch, damit sie Muskeln und Gelenke trainieren und dadurch gesund erhalten.

Den Kopf der quirligen Vögel halten Sie fit, indem Sie ihnen viel Beschäftigung bieten (→ Seite 54/55). Achten Sie außerdem darauf, die Vögel von Stressfaktoren wie großen Haustieren oder Lärm fernzuhalten. Die tägliche Käfigpflege können Sie ganz nebenbei dazu nutzen, zu beobachten, ob alle Vögel gesund wirken oder ob sich einer von ihnen möglicherweise zurückzieht. So erkennen Sie erste Anzeichen einer Krankheit bereits in der Anfangsphase und können rasch eingreifen.

Kanarienpflege leicht gemacht

Um in der Natur bei Gefahr schnell wegfliegen zu können, muss das Gefieder der Kanarienvögel jederzeit einsatzbereit sein. Außerdem schützt es die Tiere gegen Wind, Regen und Kälte. Deshalb legen die munteren Gesellen großen Wert darauf, dass ihr Federkleid jederzeit sauber, gepflegt und in Ordnung ist.

Gefiederpflege

Kanarienvögel erledigen die Gefiederpflege mehrmals am Tag mit einer wahren Hingabe in mehreren Schritten. Der Schnabel spielt dabei eine wichtige Rolle: Er wird nicht nur zur Nahrungsaufnahme und zum Trinken eingesetzt und um Nistmaterial herbeizuschaffen, sondern ist auch Putzwerkzeug Nummer eins; da er relativ empfindlich ist, muss er vom Kanarienvogel ständig gepflegt werden.

› Die einzelnen Federn werden beim Putzen durch den Schnabel gezogen und von kleinen Schmutzteilchen und Staub gereinigt.

› Da die großen Federn ähnlich einem Reißverschluss aufgebaut sind, überprüft der Vogel auch, ob die Querverstrebungen noch richtig ineinandergreifen und die Stromlinienform des Gefieders gewährleistet ist. Ist das nämlich nicht der Fall, fällt das Fliegen schwer, und die Isolationswirkung der Federn funktioniert nicht richtig, was einen Wärmeverlust zur Folge hat.

Regenschutz und Wärmemantel

Um das Gefieder wasserabweisend zu machen, entnehmen die Tiere beim Putzen mit dem Schnabel aus einer Hautdrüse am Schwanzansatz ein Sekret, das aus Fett und Talk besteht und die Federn glänzend und geschmeidig hält. Auf dem Gefieder verteilt, lässt diese glatte Oberfläche Wasser einfach abperlen, und kalte Luft kann nicht unter die Federn dringen. Dadurch wird zugleich körperwarme Luft unter dem Gefieder gespeichert, die den Vogel an kalten Tagen warm hält.

Krankheiten vorbeugen

Die Gefiederpflege im Käfig birgt allerdings eine Gefahr, die in der freien Natur so nicht besteht: Im Käfig kann es vorkommen, dass Kot auf einer Sitzstange liegen bleibt oder ein Tier auf dem Käfigboden durch die Ausscheidung hüpft und sich dabei die Füße verschmutzt. Dieser Kot wird dann beim Putzen ins Gefieder gebracht und mit dem Schnabel aufgenommen, was Krankheiten verursachen kann. Halten Sie deshalb Stangen und Käfigboden immer sauber. Alleine die Anordnung der Stangen kann eine Beschmutzung oft verhindern: Bringen Sie sie nicht zu dicht oder direkt übereinander an, sondern leicht versetzt.

Gegenseitige **Gefiederpflege**

BEOBACHTUNG Wenn Sie ein harmonierendes Pärchen halten, können Sie die Tiere ab und zu bei der gegenseitigen Gefiederpflege beobachten.

GRUND Das gegenseitige Putzen festigt soziale Bindungen und baut Stress ab; allerdings sind Kanarienvögel nicht so sozial veranlagt wie beispielsweise Papageienvögel.

BADEN Kanarien lieben Wasser. Wenn Sie Badewasser in einer Schale in den Käfig stellen, sollten Sie nach dem Bad den nassen Sand entfernen, sonst können sich Keime vermehren. Badehäuschen, die man in eine Käfigtür hängt, haben sich gut bewährt. Oder Sie bieten die Badeschale beim Freiflug an. Auch feuchte Salatblätter werden begeistert aufgenommen – manche Vögel aalen sich darin und betreiben so ihre Gefiederpflege. Verwenden Sie nur unbehandelten Salat.

GEFIEDER PUTZEN Die Vögel ziehen jede Feder mehrmals durch den Schnabel, um das Gefieder zu ordnen und Schmutz zu entfernen. Auch Parasiten werden auf diese Art beseitigt. Neben dem Schnabel putzen sich die Kanarienvögel auch mithilfe ihrer Beine und Zehen. In der Natur ist ein gesundes Gefieder überlebenswichtig – Gefiederpflege steht daher bei Kanarienvögeln ganz oben auf der täglichen To-do-Liste.

SCHNABEL Verklebungen durch Weichfutter an den Schnabelrändern beseitigt Ihr Kanari, indem er den Schnabel an einer Stange reibt. Überprüfen Sie von Zeit zu Zeit, ob er gerade wächst.

Eine saubere Sache

Vögel kann man nicht keimfrei halten, und nicht in jedem Kotbällchen lauern Krankheitserreger. Eine gewisse Stimulation durch natürliche Mikroorganismen belebt sowohl unser Immunsystem als das der Tiere. Trotzdem gehört regelmäßige Reinigung und Hygiene bei Haustieren zum Pflichtprogramm.

Käfigpflege Tag für Tag

Einige kleine Arbeiten sollten Sie täglich durchführen. So gewöhnen sich die Tiere auch an Ihre Hand.

Kot Kleine Kotbällchen mit einem Spachtel aus dem Baumarkt oder fürs Katzenklo vom Käfigboden aufnehmen; die Stangen damit abkratzen.

Sand Entfernen Sie feuchten und beschmutzten Sand, und füllen Sie ihn mit frischem auf.

Schalen Leeren Sie altes Obst und Gemüse aus, waschen Sie die Futter- und Badeschalen und das Trinkröhrchen und trocknen alles, bevor Sie die Näpfe neu befüllen und zurück in den Käfig geben.

Vögel Die Kanaris können während der Arbeiten ihren täglichen Freiflug genießen.

Großreinemachen

Mindestens einmal pro Woche ist ein Großputz von Käfig und Ausstattung angesagt:

Käfig Einmal pro Woche ist es sinnvoll, den Käfig mit Wasser und einer Kernseifenlösung gründlich auszuwaschen. In Härtefällen können Sie den Käfig mit einem Hochdruckreiniger abspritzen. Auch die Stangen können Sie mit der Kernseifenlösung und einer Bürste reinigen. Putzen Sie Spielzeuge ab, oder waschen Sie sie unter heißem Wasser. Wischen Sie den Käfig mit einem Lappen aus, bevor Sie ihn mit frischem Sand befüllen. Eventuell legen Sie eine Zeitung darunter.

Näpfe Waschen Sie Schalen und den Wassernapf bzw. das Trinkröhrchen mit heißem Wasser und eventuell einer Flaschenbürste gründlich aus und stellen Sie sie frisch befüllt in den Käfig zurück.

Sand Er landet im Biomüll oder auf dem Kompost.

Zimmer Saugen Sie mindestens einmal pro Woche den Boden um den Käfig. Liegt im Zimmer ein Teppich, ist es sinnvoll, ihn mindestens einmal im Jahr reinigen zu lassen.

Nicht vergessen Checken Sie hin und wieder die Körnervorräte auf Schimmelbefall. Sitzstangen sollten alle drei Monate gegen neue ausgetauscht werden. Stangen aus dem Zoohandel, die entweder ganz aus Kunststoff bestehen oder glatt gehobelt

Nasser Vogelsand ist potenzieller Nährboden für Bakterien. Bitte jeden Tag erneuern!

sind, lassen sich leicht in der Spülmaschine reinigen. Das gilt auch für Futter- und Wassergefäße, die alle paar Wochen in die Spülmaschine sollten. Plastiknäpfe mit Rissen sondern Sie besser aus, denn in den Spalten können sich Mikroorganismen ansiedeln, die die Tiere krank machen.

Mein Tipp Praktisch ist es, wenn Sie einen doppelten Satz Schälchen haben, so kann eine Garnitur bis zum nächsten Tag trocknen.

Putzmittel – aber welche?

Verwenden Sie keine chemischen Reinigungsmittel – sie schaden den empfindlichen Schleimhäuten der Tiere. Auch desinfizierende Reiniger sind unnötig. Sie zerstören zum einen nur eine bestimmte Bakterienflora und lassen andere völlig ungehindert wachsen. Muss dann im Krankheitsfall wirklich desinfiziert werden, wirken die Mittel oft nicht mehr. Außerdem nehmen Sie dem Immunsystem der Vögel die Möglichkeit, sich aus eigener Kraft gegen Keime zu wappnen. Auch Milbensprays sind unnötig, denn die heutigen Käfige aus Kunststoff haben keine Ritzen mehr, in denen sie sich vermehren können. Milben werden manchmal über Naturholz eingeschleppt. Nur dann sollte man sie bekämpfen.

Zwei-Minuten-Gesundheitscheck

Leicht mit der täglichen Pflege verbinden können Sie einen kleinen Gesundheitscheck:
› Sind alle Vögel munter und neugierig?
› Sind Augen und Nase klar und ohne Ausfluss?
› Ist die Kloake sauber und ohne Verklebungen?
› Ist das Gefieder glatt und ohne kahle Stellen?
› Achten Sie auch darauf, ob sich ein Tier versteckt; vielleicht ist es einfach nur müde, wenn ein Kanari aber dauerhaft apathisch wirkt, gehen Sie mit dem Vogel besser zum Tierarzt.

Putzen – immer nach Plan

SO BLEIBT DER KÄFIG SAUBER

TÄGLICH	Futter- und Wassernäpfe überprüfen, leeren, reinigen und neu befüllen. Das gilt auch für die Badeschale. Bodenbelag aus Papier entfernen und erneuern, bei Sandbelag die groben Verunreinigungen und vom Baden durchnässte Stellen mit einem Spachtel entfernen, Sand nachfüllen. Gitterstäbe und Äste von Futterresten und Kot befreien. Klebrige Haufen lassen sich mit Küchenpapier gut entfernen; wischen Sie im Anschluss mit einem feuchten Tuch nach. Getrocknete Kothäufchen kann man gut absaugen.
WÖCHENT-LICH	Federn um den Käfig aufsaugen, ebenso die getrockneten Kothäufchen am Freisitz. Wechselndes Spielzeug anbieten, außerdem alle paar Wochen die Anordnung der Äste verändern. Waschen Sie den Käfig mit Seife aus, und reinigen Sie ihn mit einer groben Bürste, ebenso die Stangen. Schalen eventuell in der Spülmaschine reinigen.
MONAT-LICH	Freisitz, Seile, Schaukeln und Stangen auf Sicherheit prüfen. Scharfe Kanten entfernen. Plastiknäpfe auf Risse überprüfen. Den Käfig unter der heißen Dusche gründlich abwaschen.
ALLE DREI MONATE	Äste, die nicht mehr zu reinigen sind, am besten gegen frische aus dem Garten austauschen.

So bleiben Ihre Vögel gesund

Kanarienvögel sind kleine Wunder der Natur: Ihr Stoffwechsel läuft bei einer hohen Körpertemperatur von 42 °C enorm schnell, und gleichzeitig leben Kanaris mit zehn bis fünfzehn Jahren doch relativ lang! Für einen so kleinen Organismus ist das eine beträchtliche Leistung. Auf der anderen Seite haben Kanarien wenig körperliche Reserven und versuchen Krankheiten immer zu verstecken, um nicht die Aufmerksamkeit von Feinden auf sich zu ziehen. Deswegen sollten Sie, wenn Sie bei Ihren Tieren eine Krankheit oder Gewichtsverlust feststellen, immer zum Tierarzt gehen.

Vorbeugen

Damit es erst gar nicht zu Krankheiten kommt, ist es wichtig, dass Sie die Immunabwehr der Vögel stärken, indem Sie auf Hygiene und ausgewogene Ernährung achten. Bieten Sie Ihren Kanarienvögeln genügend Abwechslung und Bewegung, sorgen Sie dafür, dass sie regelmäßig sonnenbaden können und täglich Frischluft bekommen, ohne in Zugluft zu stehen (→ Seite 38/39 und Seite 30/31).
Im Fachhandel gibt es außerdem pflanzliche Präparate, die stimulierend auf die Körperabwehr der Tiere wirken. Diese Präparate setzen Sie am besten bei erhöhter Stressanfälligkeit ein, zum Beispiel in der Mauser oder nach der Umgestaltung des Vogelheimes. Auch ein Vitaminpräparat ein- bis zweimal pro Woche unterstützt die Gesundheit der Kanarien. Die Präparate geben Sie entsprechend der Anleitung ins Trinkwasser. Da die Tiere nicht sehr viel trinken, können Sie die Konzentration etwas erhöhen, damit Ihre Kanarienvögel genügend Wirkstoff aufnehmen. Diese Zusatzpräparate sollten Sie aber nicht zur Dauergabe machen, denn eine abwechslungsreiche Ernährung ist die bessere Alternative und schützt Ihre Lieblinge meist sicher vor Infektionen, wenn Sie Käfig und Näpfe nebenbei noch sauber halten.

So hält man einen Kanarienvogel richtig in der Hand, um ihm ein Medikament einzuflößen.

Ein kranker Kanarienvogel wirkt meist apathisch, sondert sich oft von den anderen Vögeln ab und versucht, durch Aufplustern Wärme zu speichern.

Einmal jährlich werden in der Mauser alte Federn abgestoßen und durch neue ersetzt. Aufbaupräparate helfen den Vögeln dabei, gesund zu bleiben.

Geschwächte Tiere in der Mauser

Die Mauser einmal im Jahr zwischen Spätsommer und frühem Herbst ist für Kanarienvögel eine Zeit, in der ihr Körper besonders gefordert und damit auch anfälliger für Krankheiten ist als sonst. Ausgelöst wird die Mauser durch die geänderte Tageslänge, die die Hormonausschüttung der Tiere verändert. Deswegen ist es wichtig, dass der Käfig am Fenster steht: Das natürliche Tageslicht und ein normaler Tag-Nacht-Rhythmus sind die besten Garanten für einen regulären Verlauf der Mauser. Alte und verbrauchte Federn werden jetzt abgestoßen und durch frische, neue Federn ersetzt. Die Federn werden zunächst locker und fallen dann von selbst aus oder werden vom Tier mit dem Schnabel gezogen. Neue Federn schieben nach und brechen durch die Haut. Kanaris sind in dieser Zeit oft etwas lustlos und träge. Verwechseln Sie diesen Zustand nicht mit einer Krankheit, aber seien Sie wachsam, dass sich jetzt keine Krankheit einnistet. Unterstützen Sie die Tiere mit Aufbaupräparaten.

Erste Krankheitsanzeichen erkennen

Da kranke Vögel ihr Unwohlsein meist nur dann zeigen, wenn sie sich unbeobachtet fühlen, ist es gut, sie täglich nicht nur bei der Käfigpflege, sondern auch unauffällig aus einiger Entfernung im Auge zu behalten. Gesunde und kranke Tiere lassen sich meist durch eindeutige Anzeichen voneinander unterscheiden:

Schnelle Hilfe für **kranke Vögel**

ARZTBESUCH Wird ein Vogel krank, sollten Sie in jedem Fall einen Tierarzt aufsuchen.

RASCH HANDELN Warten Sie damit nicht zu lange, sonst ist das Tier schon so geschwächt, dass es sich möglicherweise nicht mehr erholt.

ERSTE HILFE Einige Erste-Hilfe-Maßnahmen können Sie bereits zu Hause durchführen.

Gesunde Vögel Sie putzen sich viel, sind munter und erkunden ausgiebig und neugierig ihre Umgebung. Die Männchen singen oft stundenlang. Zufriedene Kanarien nehmen über den Tag verteilt mehrmals Nahrung auf und baden gerne und ausgiebig. Nach dem Bad glätten sie ihre Federn, die schön glänzen. Wenn Sie mehrere Tiere halten, gibt es hin und wieder Streitereien um den besten Bissen oder den Sitzplatz auf der Schaukel. Ein gesunder Kanarienvogel schläft auf dem höchsten Ast im Käfig, sitzt dabei auf einem Bein und steckt sein Köpfchen ins Gefieder. Neue Gegenstände im Käfig wie frische Zweige werden neugierig untersucht und manchmal beknabbert.

Kranke Tiere Hier sieht es anders aus: Am Anfang der Erkrankung sitzen sie noch auf den Stangen, lassen sich auch ablenken und versuchen auf Störungen zu reagieren. Wenn sie sehr geschwächt sind, sitzen sie meistens am Boden, sind stark auf-

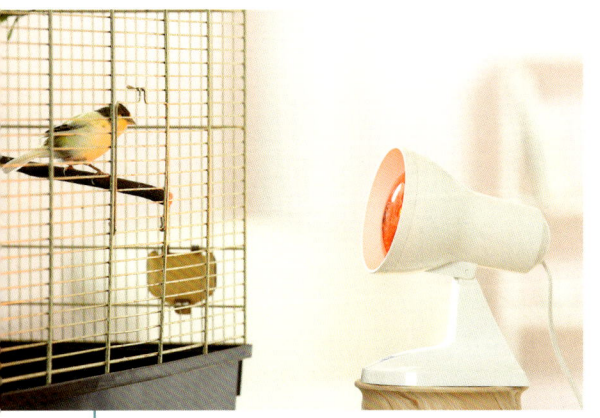

Rotlicht kann dem kleinen Patienten helfen, bei einer Erkrankung Körperenergie zu sparen und sich rascher zu regenerieren.

geplustert und schlafen viel. Kranke Vögel singen kaum noch oder gar nicht mehr. Viele kranke Tiere ziehen sich zurück und sitzen in einer Ecke, weil sie hier etwas Ruhe haben. Sie putzen sich nicht mehr, das Gefieder kann unordentlich wirken und sogar verklebt, oder verschmutzt sein. Manchmal sind die Augen verklebt, oder es läuft ein Sekret aus der Nase. Je nach Erkrankung stellen die Tiere die Futteraufnahme ein oder fressen übermäßig viel und oft. Häufig verändert sich auch die Beschaffenheit des Kotes. Entweder hat er eine andere Konsistenz, wird flüssiger oder breiig, oder seine Farbe verändert sich. Manchmal ist auch die Region um den After stark verschmiert. All das sind Alarmzeichen, auf die Sie achten sollten. Dafür ist es natürlich wichtig, dass Sie das normale und gesunde Verhalten Ihrer Kanarienvögel genau kennen, damit Sie Abweichungen erkennen und rechtzeitig handeln können. Bei Krankheit verlieren Kanarienvögel sehr schnell an Gewicht, da sie kaum Fettreserven besitzen. Haben die Tiere dann noch Fieber und fressen nicht, sind sie rasch in einem lebensbedrohlichen Zustand. Beobachten Sie eine Erkrankung also nicht zu lange – gerade wenn der Vogel fast nur noch schläft, ist es höchste Zeit, zu einem auf Ziervögel spezialisierten Tierarzt zu gehen. Als kleine Patienten sind Vögel schwerer zu therapieren als beispielsweise Hunde oder Katzen. Schon allein die Untersuchung oder das Eingeben der Medikamente bedeutet oft großen Stress für die Tiere, da sie solche Eingriffe nicht gewöhnt sind. Je fitter der Kanarienvogel in einem solchen Zustand noch ist, umso größer sind seine Chancen auf schnelle Heilung.

Die Krankenstation

Halten Sie mehrere Vögel, sondern Sie das kranke Tier am besten ab und setzen es in einen Extrakäfig. Hier hat es Ruhe und steckt die Artgenossen nicht an. Stellen Sie den Käfig an einen ruhigen und warmen Ort, und sehen Sie immer wieder nach Ihrem Patienten. In jeden Vogelhaushalt gehört eine Rotlichtlampe. Kranke Tiere kühlen sehr schnell aus, besonders wenn sie Fieber haben, und verbrauchen viel Energie. Die Lampe hilft, diesen Prozess zu verzögern, und unterstützt die Heilung der Vögel meist sehr gut. Platzieren Sie die Lampe in einiger Entfernung zum Käfig so, dass Sie die Wärme auf Ihrer Hand in der Nähe des Vogels als angenehm empfinden. Bestrahlen Sie immer nur eine Hälfte des Käfigs. Die andere dient dem Vogel als Rückzugsmöglichkeit, wenn ihm zu warm wird. Diesen Bereich können Sie mit einem Handtuch etwas abdunkeln, das beruhigt den Vogel. Das Rotlicht kann Tag und Nacht brennen, dem Vogel schadet es nicht. Seien Sie aber vorsichtig, dass kein Brandschaden entsteht.

Was kann ich selber tun?

Mauserproblem Manchmal verletzen sich die Vögel in der Zeit der Mauser an einer frischen Feder: Nur in der Wachstumsphase haben die Federn im Schaft Blutgefäße, die verletzt werden können und dann ständig etwas bluten. Mit einer Pinzette kann man den Kiel fassen und mit einem Ruck aus der Haut ziehen. Auf das kleine Loch geben Sie dann am besten etwas Jodsalbe.

Durchfall Hier haben sich ein leichter Kamillentee und etwas Heilerde als Erste-Hilfe-Maßnahmen bewährt. Gehen Sie trotzdem möglichst bald zum Arzt, denn die Tiere verlieren jetzt viel Flüssigkeit und Mineralien. Auch manche Nierenprobleme sehen wie Durchfall aus. Unsere Freunde scheiden im Normalfall keinen flüssigen Urin aus, sondern sparen die Flüssigkeit ein. Der weiße Anteil im Kot

---

Rund um den **Tierarztbesuch**

TIPPS VOM
KANARIEN-EXPERTEN
Thomas Haupt

DER RICHTIGE ARZT Informieren Sie sich am besten schon, wenn Ihre Vögel noch gesund sind, welcher Tierarzt in Ihrer Nähe auf Ziervögeln spezialisiert ist. Nicht alle Tierärzte haben die richtigen Medikamente vorrätig. Notieren Sie sich die Notfallnummer.

VORBEREITUNG Ist Ihr Vogel krank, machen Sie sich zu Hause Notizen, was Ihnen an Ihrem Patienten aufgefallen ist und was Sie den Tierarzt fragen möchten. Nehmen Sie, wenn möglich, eine Kotprobe in einem Plastikbeutel mit.

TRANSPORT Befördern Sie den kranken Vogel in einer kleinen Pappschachtel oder einem Schuhkarton mit Luftlöchern. Achten Sie darauf, dass das Kistchen möglichst ruhig steht.

MEDIKAMENTE Machen Sie sich Notizen zu Dosierung und Dauer der Eingabe von Medikamenten. Halten Sie sich daran, denn oft wird vom Medikament zu wenig gegeben, was die Heilung verzögert. Und brechen Sie die Behandlung nicht vorzeitig ab, auch wenn es Ihrem Kanari besser geht. Es könnte zu einem Rückfall kommen.

ist der Urin der Vögel. Wenn die Niere bei Krankheit den Urin nicht mehr konzentrieren kann, kommt es zu flüssigem, durchsichtigem Kot mit Grünanteil. Lassen Sie das unbedingt vom Tierarzt abklären. **Schnabel und Krallen** Werden sie zu lang, müssen überstehende Teile gekürzt oder entfernt werden. Lassen Sie sich am besten vom Tierarzt die richtige Vorgehensweise erklären.

Medikamente – wie geben?

Wenn Sie Medikamente übers Trinkwasser geben, haben Sie immer das Problem, dass der Vogel eventuell nicht genügend Wirkstoff aufnimmt. Besser ist es, wenn Sie den kleinen Patienten locker in der Hand fixieren (→ Abb. Seite 40) und das vom Tierarzt verordnete Medikament mit einer klei-

nen Spritze ohne Kanüle direkt in den Schnabel träufeln. Bitte machen Sie das langsam, sonst verschluckt sich Ihr Kanarienvogel möglicherweise. Diese Prozedur bringen Sie am besten schnell hinter sich, um die Stressbelastung für den Vogel so gering wie möglich zu halten. Wenn Sie Rechtshänder sind, nehmen Sie den Vogel in die linke Hand. Umfassen Sie den Körper ganz, ohne ihn zu drücken. Um Medikamente einzugeben, sollte der Kopf des Vogels mittels Zeigefinger und Daumen fixiert werden. Mit der rechten Hand können Sie jetzt die Spritze führen. Bewährt hat sich auch, wenn eine Person den Kanarienvogel hält und eine zweite das Medikament verabreicht. Wenn Sie sich unsicher sind, zeigt Ihnen Ihr Tierarzt bestimmt gerne, wie man einen Vogel in einer Hand fixiert.

Die häufigsten **Krankheiten**

SYMPTOME	MÖGLICHE URSACHEN	MÖGLICHE BEHANDLUNG
Die Region um den After ist kotverschmiert, Kot ist dünnflüssig	Verdauungsstörung, Durchfall oder auch ein Nierenproblem	Obst, Gemüse und Salat weglassen, Flüssigkeit zuführen, Ursache vom Tierarzt abklären lassen
Umfangsvermehrung am After oder am Unterbauch	Legenot (das Weibchen kann das Ei nicht legen), Tumor, Fettgeschwulst	Ursache vom Tierarzt abklären lassen, Rotlicht, feuchte Wärme, evtl. Operation
Piepsende oder quietschende Atemgeräusche	Luftsackmilben, Fremdkörper in den Atemwegen	Ursache vom Tierarzt abklären lassen (Röntgenbild erstellen), Milbenmedikament
Augenausfluss, Nasenausfluss	Bakterielle Infektionen oder Viruserkrankungen	Erregernachweis vom Tierarzt führen lassen, mit Antibiotikum behandeln
Schuppige Hautauflagerungen an Beinen und unter dem Federkleid, Rötung, Juckreiz	Stockmauser (eine hormonelle Störung), Federparasiten, Milben	Ursache vom Tierarzt abklären lassen, Behandlung mit Licht und Hormonen, Milbenpräparat

Vögel im Altersruhestand

Ähnlich wie mit kranken Vögeln verhält es sich auch mit älteren oder sehr betagten Tieren – sie brauchen besondere Pflege.

Schonen Sie betagte Tiere

Lange Zeit werden sich wahrscheinlich gar keine Anzeichen des Alters zeigen. Betagtere Kanarienvögel sind zwar oft etwas ruhiger als die jüngeren, aber sie nehmen noch rege am Leben im Käfig oder der Voliere teil. Einige Tiere bekommen aber leichte Gelenkprobleme und können nicht mehr so gut fliegen. Bringen Sie jetzt am besten breitere Leisten an, die dem Vogel das Sitzen etwas erleichtern. Wenn Sie die Stangenabstände verringern, gelingt dem Kanarienvogel das Hüpfen wieder leichter. Widmen Sie den Senioren Ihre besondere Aufmerksamkeit:

› Werden sie von ihren Artgenossen vertrieben?
› Nehmen sie genügend Futter und Wasser auf?

› Bauen sie körperlich ab, beispielsweise indem sie kaum noch fliegen oder am Boden hüpfen?
› Ziehen sie sich immer mehr zurück?
Manchmal ist es sinnvoll, alten Tieren einen gesonderten Käfig zur Verfügung zu stellen, wo sie Rückzugsmöglichkeiten und immer Zugang zum Futter haben. Gönnen Sie den Tieren jetzt mehr Ruhe.

Wenn der Kanari stirbt

Leider gehört zum Leben der Tod dazu. Davon bleiben auch unsere Lieblinge nicht verschont. Allerdings kündigt sich das nahe Ende bei Kanarienvögeln meistens an. Viele Tiere haben altersbedingte Leiden, die ihnen das Leben irgendwann unerträglich machen: Das kann ein Tumor sein oder Gicht – die Beine sind dann dick, der Vogel kann auf ihnen kaum mehr sitzen und »liegt« am Käfigboden. Auch wenn Tiere kein Futter und Wasser mehr aufnehmen, naht meistens das Ende. Hier sollten Sie sich Ihrer Verantwortung bewusst sein und das Tier vom Tierarzt erlösen lassen. Es ist nicht tiergerecht, so lange zu warten, bis der Vogel, weil er nicht mehr frisst, nach einigen Tagen verhungert ist. In der Natur würde er zuvor wahrscheinlich von einem Fressfeind gefangen und müsste nicht lange leiden. Der Gang zum Tierarzt und der Abschied sind immer schwer, aber wenn der Vogel Ihnen viele Jahre Freude geschenkt hat, sollten Sie ihm eine lange Qual am Lebensende ersparen. In einer Pappschachtel können Sie den Kanari im Garten beerdigen.

Auszeit: Alte Tiere ziehen sich öfter zurück und brauchen mehr Ruhe als junge Kanarien.

Nur keine Langeweile

In der freien Natur müssen sich Kanarien bei ihrer Futtersuche ständig neuen Herausforderungen stellen. Damit für die Knirpse auch bei Ihnen zu Hause keine Langeweile aufkommt, sollten Sie die aufgeweckten Tiere durch gefiederte Freunde, abwechslungsreiche Käfiggestaltung und regelmäßigen Freiflug fördern.

Beschäftigung ist wichtig

Im Käfig sind Futter und Wasser meistens im Überfluss vorhanden. Für seine Nahrungssuche muss der Vogel daher kaum Zeit aufwenden und auch nicht besonders einfallsreich sein. Außerdem ist das Fertigfutter um einiges gehaltvoller als die Gräser in freier Wildbahn, für die Kanarien oft viele Kilometer am Tag fliegen und intensiv suchen müssen. Die Bewegung und Abwechslung kommt im Käfig damit deutlich zu kurz. Wenn Sie dann nur ein Einzeltier halten und sich nicht ausgiebig mit ihm beschäftigen, kann es zu Vereinsamung und Verhaltensstörungen kommen: Der Vogel hüpft beispielsweise ständig auf der gleichen Stange auf und ab, um sich abzureagieren oder rupft sich aus Langweile Federn aus. Zwar gehen Kanarienvögel in Freiheit oft allein auf Nahrungssuche und pflegen keine so engen Bindungen wie zum Beispiel Wellensittiche – trotzdem brauchen sie Ansprache und Beschäfti-gung, um ein glückliches Vogelleben zu führen. Am besten ist es daher auch, wenn Sie mehrere Vögel halten. So können Ihre Kanaris partnerschaftliches Verhalten, Flucht, Paarung oder Revierstreitigkeiten wenigstens in Ansätzen ausleben.

Das Gefühl von Freiheit

Haben Sie dann noch die Möglichkeit, die kleinen Tenöre in einem Vogelzimmer oder gar einer Voliere zu halten, ist das Vogelglück perfekt: In einer Außenvoliere können die Tiere Sonnenbaden, in Sträuchern klettern und im Erdreich stöbern. Das Futter kann hier zumindest ansatzweise erarbeitet werden, wenn Sie es auf verschiedene Plätze verteilen oder in Ästen und Baumstümpfen verstecken. Die Kanarienvögel sind beim Fressen immer in Bewegung und setzten sich gegen Artgenossen durch – fast wie in freier Wildbahn.

Gesellschaft – ja, bitte!

Nicht nur in der Voliere, auch im Käfig ist die Haltung von mehreren Vögeln sinnvoll. Denn Kanarien sind, wenn es nicht gerade ums Brutgeschäft, den Nestbau oder die Revierverteidigung geht, verträglich und leben auch in ihrer Heimat in Schwärmen.

Wer mit wem?

Wenn man ein Männchen und mehrere Weibchen zusammen hält, gibt es kaum Probleme. Sehr gut vertragen sich auch Pärchen. Hähne untereinander kämpfen die Reviere aus – das funktioniert nur in Volieren. Weibchen sind deutlich weniger streitlustig, nur in der Brutzeit kann es zu Zänkereien kommen. Grundsätzlich gilt: Je mehr Raum und Ausweichmöglichkeiten Kanarien zur Verfügung haben, desto besser klappt die Vergesellschaftung.

Werden wir Freunde? Das vielleicht nicht, aber Kanarien sind sehr verträglich und verstehen sich mit den meisten Finken und Sittichen gut.

Eine große Vogel-Wohngemeinschaft

Mit anderen Vogelarten verträgt der Kanarienvogel sich gut, beispielsweise mit Prachtfinken oder Wellensittichen. Die Tiere fressen ein ähnliches Futter, was für den Halter natürlich praktisch ist. Auch mit Nymphensittichen verstehen sich Kanarien. Die verschiedenen Arten schließen untereinander kaum Freundschaften, am ehesten noch nahe Verwandte wie Kanarien und Distelfink oder Zebrafink. Der Distelfinkenhahn streitet mit dem Kanarienmännchen dann auch um ein Revier. Oft gibt es eine Rangordnung zwischen den Arten, die Kontakte eher unterbindet. Kontrollieren Sie, falls Sie mehrere Arten halten, ob die Sittiche nicht im Streitfall in die Füße der Kanarienvögel beißen – das kommt ab und an vor und kann zu schlimmen Verletzungen führen. Ärger gibt es auch häufig, wenn eine Vogelart zur Brut schreiten will und dann ein eigenes Revier beansprucht. Wenn Sie keine Zuchtabsichten haben, bieten Sie gar keine Nistmöglichkeiten an.

Neuzugänge zur Kanarienfamilie

Wenn Sie sich für Kanarienvögel entscheiden, können Sie zunächst ein einzelnes Tier erwerben und zähmen und sich einige Wochen später einen weiteren Vogel holen. So werden die Vögel sehr zutraulich, und Sie bleiben wichtige Kontaktperson der Tiere (→ Seite 27). Oder Sie kaufen gleich mehrere Kanaris und entlassen sie gemeinsam ins neue Vogelheim. Weil die Umgebung für alle Tiere fremd ist, entstehen kaum Aggressionen. Sind bereits Vögel im Käfig und haben diese schon eigene Reviere abgegrenzt, sollte das Zusammensetzen mit Umsicht erfolgen:

Wir gehören zusammen – Kanarienvögel fühlen sich außerhalb der Brutzeit in einem kleinen Schwarm richtig wohl. Voraussetzung: Der Käfig ist groß genug, sodass die Tiere sich bei Zänkereien und Revierstreitereien auch aus dem Weg gehen können.

› Stellen Sie neue Tiere in einem separaten Käfig einige Tage neben den großen Käfig.
› Verändern Sie die Einrichtung des Hauptkäfigs, das löst alte Reviere auf. Und stellen Sie eine zusätzliche Futterschale für die Neuen hinein.
› Setzen Sie die neuen Vögel am späten Nachmittag in den Hauptkäfig – dann sind alle Tiere schon ein wenig müde, die Nachtruhe steht kurz bevor.
› Beobachten Sie die Tiere anfangs gut, damit Sie sie bei einem Kampf notfalls trennen können.

Pärchen bilden

Paare führen Sie am besten außerhalb der Balzzeit zusammen. So haben die Vögel Zeit, sich aneinander zu gewöhnen, und das Männchen bedrängt das Weibchen nicht gleich. Zwei Weibchen gewöhnen Sie am besten außerhalb der Brutsaison im Herbst oder Winter aneinander.

Kanarien verstehen

Kanarienvögel drücken ihre Stimmung und ihr Befinden vor allem über Laute und die Körpersprache aus. Sie verständigen sich so auf der einen Seite mit ihren Artgenossen, auf der anderen Seite aber auch mit Ihnen, ihrem Pfleger. Praktisch also, wenn Sie die Kanariensprache verstehen.

Körpersprache auf Kanarisch

Die heutigen Kanarienrassen haben sich einige der Verhaltensweisen ihrer wilden Vorfahren erhalten:

› Wenn ein Kanari sich wohlfühlt, liegt sein Gefieder glatt am Körper. Tiere, die sich unwohl fühlen oder krank sind, plustern sich auf. Auch wenn Vögel frieren oder gebadet haben, stellen sie die Federn auf. Zwischen Federn und Haut sammelt sich dann körperwarme Luft.

› Zur Kommunikation mit den Artgenossen werden vor allem die Flügel eingesetzt: Abgestellt vom Körper, zeigen sie bei erwachsenen Tieren meist eine Drohhaltung an. Jüngere Tiere betteln auf diese Weise um Futter.

› Zwei Vögel, die sich hoch aufgerichtet und mit weit aufgerissenen Schnäbeln gegenüberstehen, streiten meist ums Futter. Jeder will jetzt größer als der andere erscheinen, um ihn zu vertreiben.

› Treffen zwei Männchen aufeinander, singen sie sich zunächst an. Bedrohen sie sich gegenseitig, ist

Das gehört mir! Hoch aufgerichtet, mit gespreizten Flügeln verteidigt dieser Vogel seinen Wasservorrat.

Mein Ast! Der rote Vogel zeigt mit aufgerissenem Schnabel, dass sein Artgenosse unerwünscht ist.

es zu einem Scheingefecht nicht mehr weit. Meistens ergreift aber einer zuvor die Flucht. Wenn nicht, verteidigen Kanarien ihr Revier mit dem Schnabel. Manchmal wird so auch eine Hand attackiert, die sich im Käfig bewegt.

> Hin und wieder können Sie bei vertrauten Pärchen beobachten, dass die Vögel miteinander schnäbeln oder sich gegenseitig das Gefieder pflegen: Dazu zieht der eine Partner die Federn des anderen durch den Schnabel – ein ganz besonderer Sympathiebeweis.

Gesang und andere Laute

Der virtuose Gesang der Kanarienvögel besteht nicht nur aus einer Strophe, sondern der Sänger kann das Lied auch variieren. Manche Arten wie der Harzer Roller singen eher leise und melodisch, andere wie der Belgische Wasserschläger können ihr Organ schon recht laut einsetzen. Mit dem Gesang markieren die Männchen ihre Revieransprüche und werben um ein Weibchen. Haben Sie zwei oder mehr Männchen, schaukeln sich die Tiere im Gesang manchmal gegenseitig hoch und veranstalten wahre Wettbewerbe.

Neben dem Gesang nutzen die kleinen quirligen Vögel auch noch einige andere Laute, um sich mitzuteilen und untereinander zu verständigen.

Drohlaute Sie werden bei Streitigkeiten oder Futterneid ausgestoßen. Die Töne sind schärfer als das melodische Flöten, das man sonst von den Tieren gewohnt ist, außerdem wird der Schnabel dabei drohend geöffnet.

Kontaktlaute Wird nach einem Artgenossen oder Partner gerufen, kommen Kontaktlaute zum Einsatz: Das sind leise, wispernde Töne, die sich bei Pärchen manchmal wie zärtliches Flüstern anhören. Wenn der Kanarienvogel eine enge Bindung zu

Mit seinen zarten Brutlauten festigt das Weibchen die Bande zum Männchen – und wird dafür von ihm mit Futter versorgt.

Ihnen hat, besonders bei Einzelhaltung, wird er diesen Kontaktlaut auch Ihnen gegenüber verwenden, um Sie zu sich zu rufen oder Ihnen zu zeigen, dass er sich über Ihre Gesellschaft freut. Dieser Ton hört sich dann eher wie ein lang gezogenes Zwitschern an, etwa »didididi«.

Brutlaute Diese meist eher leisen und zarten Töne sowie das Piepsen und Flüstern beim Brutgeschäft zwischen Männchen und Weibchen dienen dem Paarzusammenhalt.

Bettellaute Die Jungtiere haben einen typischen fordernden Bettellaut, der die Elterntiere zur Herausgabe von Nahrung veranlasst.

Warnlaute Droht Gefahr, geben die Eltern einen Warnruf ab, woraufhin die Kleinen sich ins Nest drücken, um vom Feind nicht gesehen zu werden. Ausgeflogene Jungvögel verhalten sich bei diesem Laut ebenfalls still oder suchen ein Versteck.

Freundschaft mit dem Menschen

Durch ihre Neugierde und Abenteuerlust ist mit Kanarienvögeln kein Tag wie der andere. Manche Tiere gucken beispielsweise beim Freiflug gern in offene Schubladen und Schränke oder untersuchen neue Gegenstände im Zimmer aufs Genaueste. Zwar sind sie nicht ganz so verspielt wie Wellensittiche – aber je mehr Sie sich um ihre Lieblinge kümmern und je mehr Anregung Sie ihnen bieten, desto zutraulicher und fröhlicher werden die Vögel sein und desto mehr werden sie sich auch mit Ihnen beschäftigen wollen. Wenn Sie ein Tier einzeln halten, braucht es noch mehr Ansprache und Abwechslung als Vögel im Schwarm, die von ihren Artgenossen abgelenkt werden.

Charaktervögel

Kanarienvögel haben, wie wir Menschen auch, unterschiedliche Charaktere – es gibt mutigere und zurückhaltendere, was Sie schon bei der Nahrungsaufnahme beobachten können: Während sich manche Vögel auf jedes neue Korn stürzen, warten andere lieber ab und lassen »vorkosten«. Ähnlich funktioniert es auch bei der Freundschaft mit dem Menschen: Einige Kanaris nehmen von sich aus Kontakt auf und lassen sich gern auf die Hand nehmen oder kraulen. Viele mögen es, an der Brust gestreichelt zu werden, weniger am Rücken. Aber auch hier gibt es individuelle Unterschiede, probieren Sie es einfach aus. Bei etwas schüchterneren Vögeln, die Zeit brauchen, bis sie Vertrauen fassen, haben sich leise und beruhigende Worte bewährt. Wichtig ist, dass Sie Ihren Kanari zu nichts zwingen – das würde bereits aufgebautes Vertrauen nur zerstören. Im Allgemeinen sind Kanarienvögel dem Menschen gegenüber aber zutraulich und umgänglich. Haben sie in ihrem Leben keine negativen Erfahrungen gemacht, siegen oft die Neugierde und die Gier nach einem Leckerbissen, wenn der Pfleger kommt. Wenn Sie die Vögel hin und wieder mit

Freunde fürs Leben werden die bunten Federbälle, wenn sie täglich liebevolle Zuwendung bekommen.

Kein Kunststück: Für manche Kanarien ist es ein Leichtes, kleine Spielzeuge zu bewegen – vor allem, wenn eine Belohnung lockt!

Die Stimme der **Kanarien**

SPRECHEN UND PFEIFEN Kanarienvögel können keine Worte nachsprechen wie zum Beispiel Papageien. Auch ein Musikstück aus dem Radio nachzupfeifen klappt bei ihnen nicht. Ihr größtes Talent liegt in ihrem eigenen Gesang, der Teil ihres natürlichen Verhaltens ist und von den Hähnen oft stundenlang zelebriert wird.

EINZIGARTIGER GESANG Der männliche Kanari singt bereits am frühen Morgen und oft mehrmals am Tag. Die Grundstruktur des Gesangs ist den Tieren angeboren, aber sie lauschen sich auch etwas von anderen Männchen ab, vor allem vom Vater. Die Vögel binden daneben fremde Geräusche in ihren Gesang ein, der sich ein Leben lang weiterentwickeln kann.

etwas Besonderem wie einem Hirsekolben verwöhnen, steht der Freundschaft nichts mehr im Weg. Probieren Sie doch einmal aus, sich etwas Futter auf die Schulter zu legen – sie wird damit schnell zu einem beliebten Landeplatz beim Freiflug.

Zirkusreif

Wenn Sie viel Zeit und Geduld haben, können Sie versuchen, Ihrem Vogel einige Kunststücke beizubringen. Kinder entwickeln hier oft viel Ehrgeiz. Besonders zahme und verspielte Kanarienvögel können zum Beispiel lernen, einen Gitterball aus Plastik, den es im Zoofachhandel zu kaufen gibt, über den Tisch zu rollen und ihn immer wieder vom Menschen wegschubsen zu lassen. Üben Sie das am besten täglich und immer dann, wenn der Kanari Interesse am Ball zeigt. Belohnen Sie den Vogel am Anfang, wenn er sich dem Ball zuwendet oder sogar hinfliegt, wenn Sie den Ball gerollt haben. Er verbindet dann das Spielzeug mit einem Leckerbissen. Nach einigen Tagen oder Wochen Übung wird er den Ball dann auch von sich aus zu Ihnen schieben und Tischfußball mit Ihnen spielen.

So zeigt Ihr Kanari seine Zuneigung

Wenn Ihr Kanarienvogel Sie besonders gut leiden kann und einen engen Kontakt mit Ihnen hat, wird er möglichst viel Zeit mit Ihnen verbringen wollen. Bei der Hausarbeit wird er sich dann auf Ihre Schulter setzen und Ihnen beim Abspülen oder Staubwischen zusehen. Wichtig ist, dass die Tiere nicht in Gefahr geraten, beispielsweise beim Bügeln, wo sie an das heiße Eisen fliegen könnten. Manche Kanarienvögel werden auch gern den ganzen Tag auf der Schulter herumgetragen.

Hinweis Ein besonderer Beweis von Zuneigung ist es, wenn der Vogel Sie sanft beknabbert.

Spiele und Beschäftigung

Kanarien können mit ihren Füßen nicht gut greifen, sie untersuchen neue Gegenstände daher mit den Augen und dem Schnabel. Gern probieren sie, ob etwas fressbar ist. Achten Sie deshalb darauf, dass sich von Spielzeugen keine Kleinteile lösen, die die Vögel verschlucken. Kropfentzündung, Verstopfung oder gar Erstickungstod könnten die Folge sein.

Spielmöglichkeiten im Käfig

Tauschen Sie jede Woche die Entdeckungsmöglichkeiten im Käfig aus, oder hängen Sie sie um. Neben dem Angebot aus dem Fachhandel können Sie mit etwas Kreativität Spielzeug auch selbst basteln:
Natürliches Spielmaterial Bringen Sie öfters von draußen frische Zweige mit, am besten mit Knospen und Blättern. Damit können sich die Vögel stundenlang beschäftigen: Blätter und Knospen werden umgedreht, nach Essbarem abgesucht und zerpflückt. Wenn dann wie bei Weidenzweigen die Rinde noch weich ist, knabbern die Vögel sie ab und spielen auch mit ihr.
Ein Tannenzapfen, an einem Bindfaden aufgehängt, wird zum magischen Anziehungspunkt im Käfig. Er ist Schaukel, Spielzeug und Futter in einem. Kleine Äste sorgen ebenfalls für Abwechslung. Binden Sie mehrere Zweige zusammen, und verstecken Sie Leckerbissen dazwischen.
Aus dem Fachhandel Was Ihrem Vogel an gekauftem Spielzeug gefällt und was er besonders gerne nutzt, finden Sie am besten selbst heraus. Es gibt zum Beispiel kleine Gitterbälle aus Plastik, die man mit frischen Kräutern füllen kann. Die Tiere kommen dann nur durch das Gitter an die Leckerbissen heran und brauchen Stunden, um alles zu fressen.

Schaukel und Seil Eine Schaukel oder ein Seil im Käfig imitiert einen sich im Wind wiegenden Ast. Die Tiere sitzen oft lange darauf und genießen die Bewegung. Auch in den Ösen der Schaukel oder im Seil können Sie Grünzeug einstecken, was den Reiz des Spielzeugs noch erhöht.

Abwechslung beim Freiflug

Dinge, die sich bewegen, werden vom Kanarienvogel mit dem Schnabel angehoben, und er schaut nach, was sich darunter befindet. In kleine Höhlen stecken die Tiere gern den Kopf oder hüpfen hinein, wie beispielsweise in Schubladen. Damit die Vögel sich nicht verletzen oder eingesperrt werden, ist es wichtig, dass Sie beim Freiflug dabei sind. Um die geistige Fähigkeit Ihrer Kanarien zu fördern, bieten Sie am besten immer wieder neue Spielzeuge an, wie beispielsweise eine Luftschlange. In einer Toilettenpapierrolle können Sie Leckerbissen verstecken. Auch Kräutertöpfe, zum Beispiel mit Petersilie, sind spannende Lande- und Fressplätze.

Warme **Dusche**

Einige Kanarienvögel lieben es, abgeduscht zu werden. Heißes Wasser in einer Blumenspritze, die Sie ausschließlich für die Vögel verwenden, kommt bei feinem Sprühstrahl lauwarm aus der Düse. Die Tiere genießen diesen imitierten Regen und breiten die Flügel aus, um das Wasser am ganzen Körper zu spüren. Veranstalten Sie das Bad am besten in einer Plastikwanne.

SCHAUKELN Im Zoofachhandel gibt es viele Modelle, man kann sie aber auch selbst basteln: Kürzen Sie dazu einen Naturast auf die richtige Länge, und befestigen Sie an jeder Astseite einen stabilen Draht – an dessen Ende Sie zuvor eine Öse geformt haben – mit einer Schraube. Das andere Ende biegen Sie so um, dass es im Gitter des Käfigdaches eingehängt werden kann. Achten Sie darauf, dass beide Drähte gleich lang sind und keine Enden überstehen – Verletzungsgefahr!

SEILE Sie werden von Kanarienvögeln gern angenommen. Hier zeigen sie ihr ganzes Klettertalent und hängen manchmal sogar kopfüber im Käfig. Bunte Seile mit abstehenden Fusseln finden die Tiere besonders interessant, es eignen sich aber auch dicke Kokosseile aus dem Gartencenter. Stecken Sie ab und zu Löwenzahnblätter oder Vogelmiere in die Seile, so können sich die Kanarien ihr Futter selbst erarbeiten.

SCHARPIE In der Brutzeit beschäftigen sich die Weibchen ausgiebig mit Blättchen, Haaren, Fusseln und Fäden jeglicher Art. Hier hat der Vogel das Nistmaterial Scharpie im Schnabel.

Erlebnis Freiflug

Zu einem erfüllten Kanarienleben gehört der tägliche Freiflug einfach dazu. Nur dann können die Tiere ihre Muskeln und Lungen wirklich trainieren, um lange gesund und fit zu bleiben. Außerdem bietet er eine willkommene Abwechslung zum Käfigalltag.

Freiflugzimmer gestalten

Welche Spiel- und Entdeckungsmöglichkeiten Sie den Tieren beim Freiflug bieten können, lesen Sie auf Seite 54. Auch ein Kletterbaum, den Sie im Zimmer aufstellen, wird begeistert angenommen.

Befestigen Sie dazu einen dickeren Ast oder mehrere kleine Äste in einem Christbaumständer oder einem mit Sand und Steinen gefüllten Blumenkübel. Achten Sie darauf, dass der Ast fest steht. Darunter sorgen Zeitungspapier oder Sand dafür, dass Sie kleine Kotkleckse leicht entfernen können. Wenn Sie Ast oder Äste immer wieder erneuern, können die Kanarien Stunden damit zubringen, die Rinde zu untersuchen. Sie können auch Seile an den Ästen befestigen oder frisches Grün in Astgabeln stecken. Ein Blumentopf mit Grassamen oder Wald-

Wendige Manöver sind typisch für die kleinen Luftakrobaten. Beim täglichen Freiflug können sie sich so richtig austoben und auf Entdeckungstour gehen.

erde wird die Kanaris ebenfalls begeistern. Die Tiere lieben es, darin zu picken und zu fressen. Es kann hilfreich sein, Möbelstücke, die nicht verschmutzt werden sollen, mit alten Tüchern oder einer Zeitung abzudecken.

Vorsicht Falle

Damit Ihren Kanarien beim Freiflug nichts passiert, ist es sinnvoll, einige Regeln einzuhalten:
› Informieren Sie jeden in der Wohnung, dass die Kanarien Freiflug haben – so vermeiden Sie, dass aus Versehen eine Tür geöffnet wird und die Vögel aus dem Raum fliegen oder jemand hereinkommt und auf einen Vogel tritt, der am Boden sitzt. Oder Sie hängen außen an die Tür ein Hinweisschild.
› Während des Freiflugs ziehen Sie die Vorhänge vor, damit die Vögel nicht gegen die Scheiben fliegen. Die Fenster sind am besten geschlossen, denn durch ein gekipptes Fenster können die Kleinen nach draußen entweichen (→ hintere Klappen). Oder Sie spannen ein Fliegengitter vors Fenster.
› Blumenvasen, Gläser, Toiletten, Aquarien oder Eimer mit Putzwasser können zur Falle werden.
› Reinigungsmittel, Medikamente, Zigaretten und Aschenbecher gehören nicht ins Vogelzimmer. Entfernen Sie auch spitze Gegenstände.
› Hunde und Katzen bleiben besser draußen.
› In Schubladen, hinter Schranktüren oder Möbelstücke können Kanarienvögel leicht einmal fallen und sich einklemmen. Seien Sie deshalb beim Freiflug immer mit im Zimmer, schließen Sie Schubladen, und sichern Sie Spalten mit einer Holzleiste.

› Bitte keine Hitzequellen wie Kerzen, Kamin, angeschalteter Herd oder Bügeleisen im Zimmer.

Urlaub und Vogel

Halten Sie nur ein Tier, können Sie es mit in den Urlaub nehmen. Sorgen Sie dafür, dass Ihr Kanari keine Zugluft oder Hitze abbekommt. Kümmern Sie sich ansonsten rechtzeitig um Betreuung:
› Nachbarn, Freunde, Tiersitter oder Tierheim?
› Hinterlassen Sie Ihre Handynummer und die Nummer des Tierarztes – für den Notfall.
› Schreiben Sie dem Pfleger eine Liste, was und wie oft gefüttert und gereinigt werden sollte.
› Freiflug ja oder nein? Bei Vogelerfahrung des Sitters gern. Perfekt, wenn er Ihre Vögel schon kennt.

Zurück **in den Käfig**

MIT VERTRAUEN Ist Ihr Kanari handzahm, tragen Sie ihn einfach zum Käfig. Beim Laufen halten Sie eine Hand vor den Vogel.

MIT GEDULD Sie können auch warten, bis das Tier hungrig ist und freiwillig zurückgeht.

MIT LIST Ist Ihr Kanarienvogel etwas scheu, befestigen Sie einen langen Faden an der Käfigtür. Sobald er im Käfig sitzt, ziehen Sie am Faden und schließen den Eingang.

IM NOTFALL Nur im äußersten Notfall können Sie den Raum auch völlig abdunkeln. Der Vogel bleibt dann ruhig sitzen. Blenden Sie ihn mit einer Taschenlampe, nehmen Sie ihn vorsichtig in die Hand und setzen ihn in den Käfig. Durch die Dunkelheit verbindet der Vogel die Hand, die ihn beunruhigt, nicht mit Ihnen.

Kanarien-Nachwuchs

Es ist ein spannendes Erlebnis, Kanarienvögel bei Partnerwahl, Balz, Brut und der anschließenden Jungenaufzucht zu begleiten. Anders als bei Papageienvögeln brauchen Sie für die Zucht von Kanarien auch keine staatliche Erlaubnis.

Fortpflanzung auf kanarisch

Balz und Begattung Die Brutstimmung bei Kanarien richtet sich nach der Tageslänge, die die Hormonausschüttung der Tiere verändert, und beginnt im März. Die Männchen umwerben jetzt die Weibchen, die Nistmaterial sammeln, mit dem sie suchend umherfliegen. Zum Nestbau, den das Weibchen übernimmt, eignen sich Baumwollfäden, Papierschnipsel, Sisalfäden, Heu oder Gras. Das Nest wird manchmal innerhalb eines halben Tages fertiggestellt. Danach kommt es zur Paarung. Dabei hüpft das Männchen auf den Rücken des Weibchens und hält sich dort mit seinen Krallen fest. Meistens balanciert es dabei mit den Flügeln. Dann halten beide Vögel ihre Kloaken, also die Afteröffnungen, aufeinander, und es kommt zum Austausch von Spermien, die die weibliche Eizelle befruchten.

Eiablage und Brut Drei bis fünf Tage nach der Paarung beginnt das Weibchen mit der Ablage von vier bis sechs bläulichen Eiern. Die Henne brütet die nächsten dreizehn Tagen die Eier aus und wird vom Hahn auf dem Nest versorgt. Nur um Kot abzusetzen oder ein Bad zu nehmen, verlässt sie das Gelege. Stören Sie die Henne in dieser Zeit nicht!

Aufzucht der Jungen Nach dreizehn Tagen schlüpfen die nackten, blinden und etwa zwei Zen-

1 NESTBAU Hier hat sich das Weibchen für eine Nestunterlage entschieden. Das Männchen überwacht die Entstehung des neuen Heims.

2 BRUT Dreizehn Tage sitzt die Henne auf dem Gelege. Wenn sie in dieser Zeit erschreckt wird, verlässt sie das Nest womöglich; die Eier können auskühlen und absterben.

3 AUFZUCHT Bieten Sie den Elternvögeln in dieser Zeit möglichst gehaltvolles, eiweißreiches Futter an, ergänzt durch Kalk und Mineralstoffe.

timeter großen Jungen. Nach zwei bis drei Tagen sprießen die ersten Federn. Mit zehn bis zwölf Tagen sind die Augen völlig offen und die meisten Körperregionen mit Federstoppeln bedeckt. Die Mutter hudert die geschlüpften Kanarienjungen, das heißt, sie wärmt sie, indem sie auf ihnen sitzt. Am Anfang versorgt nur sie die Jungen mit der sogenannten Kropfmilch, einer eiweißreichen Flüssigkeit, die im Mutterkropf gebildet wird und leicht verdaulich ist. Später werden die Jungtiere mit Futter aufgezogen, das der Vater heranschafft. Auch der Hahn füttert jetzt mit. Mit gut drei Wochen verlassen sie das Nest. Sie sind nun fertig befiedert, die Federn wirken aber noch etwas stumpf. Die Jungvögel werden von den Eltern für weitere zwei Wochen versorgt.

Erziehung zur Selbstständigkeit Indem die kleinen Kanarien ihren Vater bei der Nahrungsaufnahme beobachten, lernen sie, was fressbar ist. Erst wenn sie selbstständig fressen, kann man sie von den Eltern trennen. Erleichtern Sie den Vögeln den Prozess, indem Sie Aufzuchtfutter (→ Seite 32), Grünfutter oder gemahlene Körner anbietet. Geben Sie dieses Jugendfutter bis nach der Mauser im vierten oder fünften Monat, reduzieren Sie den Anteil aber stetig, sodass die jungen Kanarien dann dasselbe fressen wie die Eltern. Zwischen Juli und August endet die Brutzeit; die Elterntiere kommen in die Mauser, die Jungtiere erst nach gut fünf Monaten.

Wohin mit dem Nachwuchs?

Wenn Freunde und Bekannte die Jungvögel nicht abnehmen, schalten Sie am besten eine Annonce in der Zeitung oder fragen im Zoofachhandel nach. Erst wenn die Tiere mit sechs bis acht Monaten geschlechtsreif sind, kann das Geschlecht sicher bestimmt werden (→ Seite 13).

Zuchtkäfig einrichten

TIPPS VOM
KANARIEN-EXPERTEN
Thomas Haupt

ZUCHTKÄFIG Hat sich in der Voliere ein Paar gefunden, bieten Sie einen separaten Zuchtkäfig an. Haben Sie ohnehin nur ein Pärchen, kann es selbstverständlich im alten Käfig bleiben.

NESTUNTERLAGE Bieten Sie eine oder besser mehrere Nestunterlagen an: Kleine Körbe aus Plastik, Metall oder Hanf, in die das Weibchen die Fäden des Nestmaterials einstecken kann. Die Nestunterlage sollte in einer möglichst ruhigen Ecke angebracht sein, damit das Tier beim Brüten nicht gestört wird.

NISTMATERIAL Verteilen Sie Nistmaterial im Käfig, wie Baumwollfäden, Papierschnipsel, Sisalfäden, aber auch Heu und Gras. Das Weibchen wird auswählen, womit es sein Nest baut.

FUTTER Füttern Sie abwechslungs- und kalorienreich mit Eifutter (→ Seite 32). Bieten Sie Kalk an, aus dem die Henne die Eier produziert. Gewöhnen Sie die Tiere schon in der Brutphase an Aufzucht- oder Insektenfutter. Die Kanarien brauchen Zeit, bis sie neues Futter akzeptieren, und verfüttern es so später auch an die Jungtiere.

REGISTER

Adressen

> Vereinigung für Artenschutz, Vogelhaltung und Vogelzucht e.V. (AZ), PF 1168, D-71501 Backnang, www.azvogelzucht.de
> Deutscher Kanarien- und Vogelzüchter-Bund e.V. (DKB), Geschäftsstelle: Dieter Wirges, Oberdorf 19, D-64572 Büttelborn, www.dkb-online.de
> Der Blaue Kreis, Zoologische Gesellschaft Österreichs für Tier- und Artenschutz, Schadekgasse 6, A-1060 Wien

Fragen zur Haltung

beantworten Ihr Zoofachhändler und der Zentralverband Zoologischer Fachbetriebe Deutschlands

---

Wichtiger **Hinweis**

> **Kranker Kanarienvogel** Treten bei Ihrem Vogel Krankheitsanzeichen auf, gehört er in die Hand des Tierarztes.

> **Allergie und Asthma** Wenn Sie Asthma oder eine Federallergie haben, sollten Sie keine Vögel halten. Fragen Sie, wenn Sie unsicher sind, vor dem Kauf eines Kanarienvogels Ihren Hausarzt.

> **Ansteckungsgefahr** Nur wenige Krankheiten von Kanarienvögeln sind auf den Menschen übertragbar. Wenn Sie eine Grippe oder Erkältung haben, weisen Sie Ihren Arzt aber auf den Tierkontakt hin.

---

e.V. (ZZF), Tel.: 06 11/44 75 53 32 (nur telefonische Auskunft möglich: Mo 12–16 Uhr, Do 8–12 Uhr), www.zzf.de
Der ZZF hat einen bundesweiten Suchdienst für entflogene Vögel eingerichtet. Alle beringten Vögel können aufgrund der Fußringe identifiziert und ihrem Besitzer zugeordnet werden.

Bücher, die weiterhelfen

> Claßen, H.: Kanarien. Ulmer Verlag, Stuttgart
> Lang, A.: Ziervögel von A bis Z. Gräfe und Unzer Verlag, München
> Quinten, Doris: Ziervogelkrankheiten. Ulmer Verlag, Stuttgart
> Sonnenschmidt, Rosina/Wagner, Marion: Neues Heilen: Vögel. Ulmer Verlag, Stuttgart
> Wedel, Angelika: Ziervögel. Parey bei MVS, Stuttgart

Zeitschriften

> Der Vogelfreund. Fachzeitschrift des DKB (→ Adressen). Hanke Verlag GmbH, Künzelsau
> Gefiederte Welt. Verlag Eugen Ulmer, Stuttgart
> Die Voliere. Verlag M. & H. Schaper, Hannover
> AZ-Nachrichten. Zeitschrift für Mitglieder der AZ (→ Adressen). Verlag M. & H. Schaper. Hannover
> WP-Magazin, Europas größte Zeitschrift für Vogelhalter. Arndt-Verlag, Bretten

Kanarienvögel im Internet

Praxistipps und Informationen zu Pflege, Ernährung und Gesundheit von Kanarien, Buchtipps, Adressen von Züchtern und Vereinen finden Sie auf diesen Internetseiten:
> www.kanarien.org
> www.ndh.net/home/velleuer/roller/homepage.html
> www.kanarienvogel.info
> www.kanarienvogel.ch
> www.vogelforen.de
> www.kanarienvogelzucht.de

Tipps und Hinweise zum Volierenbau finden Sie unter:
> www.sittich-info.de/?/haltung/volierenbau.html

Informationen über giftige Pflanzen erhalten Sie unter:
> www.giftpflanzen.ch

Tierärzte

Über das Online-Tierärzteverzeichnis des BPT finden Sie Tierärzte in Ihrer Nähe:
> BPT-Bundesverband praktizierender Tierärzte e.V., www.smile-tierliebe.de

Hier erhalten Sie Adressen von Tierarztpraxen, die mit Naturheilverfahren arbeiten:
> Gesellschaft für ganzheitliche Tiermedizin e.V. (GGTM), www.ggtm.de
> Kooperation deutscher Tierheilpraktiker-Verbände e.V., www.kooperation-thp.de

Freude am Tier

Die neuen Tierratgeber – da steckt mehr drin

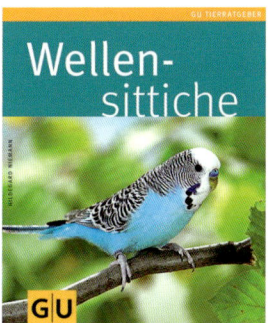

ISBN 978-3-8338-0592-9
64 Seiten

ISBN 978-3-8338-0521-9
64 Seiten

ISBN 978-3-8338-0593-6
64 Seiten

Preis je Band: 7,90 €

ISBN 978-3-8338-0183-9
64 Seiten

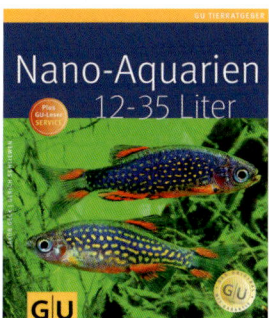

ISBN 978-3-8338-1269-9
64 Seiten

ISBN 978-3-8338-0866-1
64 Seiten

Änderungen und Irrtum vorbehalten.

Das macht sie so besonders:

Praxiswissen kompakt – vermittelt von GU-Tierexperten

Praktische Klappen – alle Infos auf einen Blick

Die 10 GU-Erfolgstipps – so fühlt sich Ihr Tier wohl

Willkommen im Leben.

© 2008
GRÄFE UND UNZER VERLAG GmbH, München
Alle Rechte vorbehalten. Nachdruck, auch auszugsweise, sowie Verbreitung durch Film, Funk, Fernsehen und Internet, durch fotomechanische Wiedergabe, Tonträger und Datenverarbeitungssysteme jeglicher Art nur mit schriftlicher Genehmigung des Verlages.

Programmleitung:
Christof Klocker
Leitende Redaktion: Anita Zellner
Redaktion: Cornelia Nunn
Lektorat: Ruth Wiebusch
Bildredaktion: Daniela Laußer
Umschlaggestaltung und Layout:
independent Medien-Design, München
Herstellung: Claudia Labahn
Satz: Uhl + Massopust, Aalen
Reproduktion: Longo AG, Bozen
Druck: Firmengruppe APPL, aprinta druck, Wemding
Bindung: Firmengruppe APPL, sellier druck, Freising

Printed in Germany

ISBN 978-3-8338-1169-2

1. Auflage 2008

GRÄFE UND UNZER

Ein Unternehmen der
GANSKE VERLAGSGRUPPE

Der Autor

Dr. Thomas Haupt ist mit Tieren aufgewachsen. Seine Liebe zu ihnen machte er zum Beruf: Seit 1992 arbeitet er als Tierarzt in eigener Praxis. Einen besonders großen Patientenanteil machen Vögel aus. Dr. Haupt hält selbst etliche Vogelarten, vor allem Sittiche und Papageien. Außerdem betreibt er eine Pflegestation für Wildtiere, in der er verletzte Tiere heilt und wieder auswildert.

Der Fotograf

Oliver Giel hat sich auf Natur- und Tierfotografie spezialisiert und betreut mit seiner Lebensgefährtin Eva Scherer Bildproduktionen für Bücher, Zeitschriften, Kalender und Werbung. Mehr über sein Fotostudio: www.tierfotograf.com.

Bildnachweis

Alle Fotos in diesem Buch stammen von Oliver Giel mit Ausnahme von: Picturemaxx: 14, 41 re.; Waldhäusl: 58/1, 58/2, 58/3.